新鲁菜大典

2023

陈永庆　主编

青岛出版集团｜青岛出版社

图书在版编目（CIP）数据

新鲁菜大典. 2023 / 陈永庆主编. -- 青岛：青岛出版社, 2024. 11. -- ISBN 978-7-5736-2773-5

Ⅰ. TS972.182.52

中国国家版本馆CIP数据核字第2024BL2252号

XIN LUCAI DADIAN 2023

书　　名	新鲁菜大典 2023
主　　编	陈永庆
出版发行	青岛出版社
社　　址	青岛市崂山区海尔路182号（266061）
本社网址	http://www.qdpub.com
邮购电话	0532- 68068091
策　　划	周鸿媛
责任编辑	肖　雷
封面设计	毛　木
翻　　译	岳玉庆
制　　版	青岛千叶枫创意设计有限公司
印　　刷	青岛海蓝印刷有限责任公司
出版日期	2024年11月第1版　2024年11月第1次印刷
开　　本	8开（787毫米×1092毫米）
印　　张	31.5
字　　数	556千
图　　数	558
书　　号	ISBN 978-7-5736-2773-5
定　　价	398.00元

编校印装质量、盗版监督服务电话　4006532017　0532-68068050

"新时代 新鲁菜" 2023 创新职业技能竞赛组委会单位

指导单位　　中共山东省委宣传部

主办单位　　中央广播电视总台山东总站

　　　　　　　中央广播电视总台财经节目中心

　　　　　　　山东省人力资源和社会保障厅

　　　　　　　山东省商务厅

　　　　　　　山东省文化和旅游厅

　　　　　　　烟台市人民政府

承办单位　　烟台市商务局

　　　　　　　山东省烹饪协会

协办单位　　山东省旅游饭店协会

　　　　　　　山东省饭店协会

编委会

总顾问	白玉刚						
常务顾问	袭艳春	陈　飞	王　磊				
顾问团	戴龙成	刘升勤	陈永生	吕　波	杨建华	董　冰	王爱新
	徐　杰	孟　青	张晓彬	柳庆发	许艳萍	孙典阔	张志芳
	陈有全	李东燕					
主　编	陈永庆						
副主编	赵　飞	秦文明	张　雷	吕世强	荆晓玲		
执行主编	柴安东	陶海军	窦效磊	王朝朋	王　伟	宋　强	卢　玲
编　辑	庞　振	李金林	米笑磊	韩　森	李志超	王　朋	王成林
	刘颖超	李玉广	陈　恺	李秉禅	霍锡鹏	张　明	张　鹏
	孙　川	宋　帅	张　涛	朱路鹏	曹霄飞	柳　栋	于　杰
	张馨月	徐雨梦	邓介强	包淑圣	秦华垒	周兆龙	高源贵
	郝　宁	徐淑磊	张宗标	孙福杰	石文昊	韩国鹏	步　瑶
	孙永强	任现辉	李政勇	张庆龙	王建建	陈方刚	牛成龙
	王　亮						
后勤保障	李　阳	苑龙江	王　涵	李安平	朱承旭	左凤丽	杨媛媛
	李　栋	侯昌赫	董　磊	王　生	任生荣	邢瑞华	罗宗翔
	李　晶	孙　鑫					

序

元旦前夕，在雪花漫天飞舞的烟台，我们隆重举办了"新时代 新鲁菜"2023创新职业技能竞赛的颁奖活动。参与本次竞赛的近200道决赛菜品在颁奖活动现场进行了展示，它们争奇斗艳、琳琅满目，虽然时值隆冬，但热烈的现场气氛让人流连忘返，感受到了鲁菜春天的气息。

本届大赛继续书写着鲁菜赛事的新篇章。从规模来讲，参赛菜品高达3137道，超过了前两届参赛菜品的总和，创造了鲁菜美食赛事参赛菜品的新纪录；从传播范围来讲，2464道菜品在央视财经客户端亮相，获得的点赞量和播放量高达三亿六千八百六十九万次，创下中国美食赛事在央视财经客户端互动次数的新纪录；还有来自美国、俄罗斯、意大利、德国、日本、韩国、澳大利亚、泰国、巴基斯坦等34个国家的86道菜品参赛，体现了大赛的国际性。可以自豪地说，鲁菜的香味已经跨山越海，飘向世界。

本次大赛继续传承着鲁菜创新的基因，赛制不断改进，水平不断提升，被列为山东省一类职业技能竞赛，成为国内美食赛事中第一个省级一类赛事。获得参赛相应奖项的选手，经山东省人力资源和社会保障厅核准后，有的将被授予"山东省技术能手"称号，有的可以晋升职业技师资格、职业技能等级，这开创了国内地方美食大赛的先河；在赛制改革上，本次大赛设立了泰安东平、淄博高青、青岛平度、德州齐河四个分赛区的线下比赛，在这四个分赛场的烟火气中，我们看到了一个又一个创新菜品惊艳亮相、脱颖而出。可以毫不夸张地说，新鲁菜大赛既是选手们展示自己厨艺的舞台，也像奔涌的黄河一样，成为一条波澜壮阔的创新之河。

新鲁菜大赛开展三年来，一直秉承"四个结合"，"五个推动"的指导思想，"四个结合"是指鲁菜创新要与当地历史文化特色结合，与当地食材特质结合，与营养、健康、绿色理念结合，与艺术审美结合；"五个推动"是指推动山东各地餐饮打造美食新名片、推动新鲁菜理论和标准体系建设、推动山东餐饮产业高质量发展、推动鲁菜文化国际传播开新局、推动山东文化"双创"工作上新台阶。

创新带来荣耀，创新也带来财富与发展。三届大赛涌现出来的一大批色香味俱佳的菜品，不仅满足了人们对美味的追求，也为参赛者演绎了人生传奇，实现了致富梦想。比如，有一位厨师，依靠着一道创新菜品虎头鸡，把一个只有夫妻两人经营的小买卖做成了有百万投资流水线工厂支撑的大生意；有一家饭店，把一条低聚糖大黄鱼做成了年销售收入过亿元的大单品；有一家企业，把一个小馒头做成苹果、柿子的形状，惟妙惟肖，寓意着平平安安，柿柿如意，实现了普通馒头变成"白天鹅"的增值梦想；有一个县，依靠种植蔬菜为当地预制菜企业供应原料，形成了产值上百亿的特色产业集群，走出了乡村振兴的新路子……

三年来，我们克服疫情造成的种种困难，创新的脚步从未停歇，从泉城济南走到鸢都潍坊，又从潍坊来到了鲁菜重要源头之一的鲜美烟台，这期间所跨越的每一步，都付出了巨大的勇气和心血，在此要感谢中央广播电视总台各级领导、山东省各级领导，特别是省政协领导的亲切关怀，感谢中国烹饪协会、世界中餐业联合会的大力支持，感谢省委宣传部、省人力资源和社会保障厅、省农业农村厅、省商务厅、省文化和旅游厅、省委统战部、省外事办、省烹饪协会的鼎力相助；感谢烟台市委市政府、福山区委区政府、龙口市委市政府、烟台文化旅游职业学院等单位的通力合作；感谢所有为本次大赛付出艰辛劳动的各界朋友们！

为了将本次大赛的成果展现给更多的美食爱好者，为鲁菜的创新留下宝贵的历史资料，组委会编辑出版了《新鲁菜大典2023》，共收录了191道创新菜品，并为每道入选菜品特意创作古诗、篆刻菜名、设置二维码，既增添了古典的文化气息，又体现了移动互联网时代的传播特点。

食不厌精，脍不厌细，新鲁菜大赛会激发广大厨师的创新热情，他们将探索更多食材、荟聚更多创意、传承更多文化，创作出更多兼具营养、健康、美味的菜品。同时我们也坚信，鲁菜创新必将进一步带动山东餐饮行业的高质量发展，拉动社会消费，赋能乡村振兴，为鲁菜文化开启新征程，为美好生活增添新滋味。

让我们一起拥抱鲁菜文化的春天，期待鲁菜产业的明天！

"新时代 新鲁菜"创新大赛组委会主任　陈永庆
2023年12月于济南流萤书屋

"新时代 新鲁菜"
2023 创新职业技能竞赛
"十大鲁菜创新菜品"

食荣萸酱味牛方	德州市
"参"情拥"鲍"	济南市
芋藕莲蓬	济南市
"'参'入烟台　福寿常在"之天下第一福	烟台市
清汤现绣球	烟台市
花开富贵牡丹虾	济南市
梨撞虾	烟台市
墨金豆腐箱	济南市
红酒贡梨煨鲜鲍	烟台市
蜂巢海参	临沂市

"新时代 新鲁菜"
2023 创新职业技能竞赛
"20 款我最喜爱的新鲁菜"

清汤现绣球	烟台市	沂蒙风味炒鸡	临沂市
食荣萸酱味牛方	德州市	卤味三拼	济宁市
芋藕莲蓬	济南市	荷韵	菏泽市
圆月映绿湖	烟台市	翡翠海参	日照市
"参"情拥"鲍"	济南市	鲁西南养生羊肉火锅	菏泽市
玉米虾圆	济南市	竹君节节升	青岛市
珊瑚榴香	济南市	雪野鲲鹏	济南市
芙蓉鱼羊合鲜卷	菏泽市	蝴蝶乌鱼蛋汤	日照市
"'参'入烟台 福寿常在"之天下第一福	烟台市	微山筒子鱼	济宁市
		红果菊花鱼	青岛市
锦绣田园番薯包	青岛市		

"新时代 新鲁菜"
2023 创新职业技能竞赛
"100 款最具价值新鲁菜"

芋藕莲蓬	济南市	樟树港辣椒烧海参	东营市
梨膏烧海参	烟台市	上汤海鲜福袋	烟台市
皇觉上素	烟台市	低温慢火黑醋红烧肉	济南市
象形大枣	临沂市	创新天鹅酥	临沂市
苹果酥	烟台市	富贵鲈鱼	烟台市
白云猪手	烟台市	黄河口大豆烧海参	东营市
冰球鲜花椒炝爬虾肉	烟台市	老母鸡松茸煨海参饺	青岛市
麒麟凤尾虾	德州市	烟台鲍鱼酥	烟台市
九转芦笋小排	聊城市	芙蓉金汤菊花鱼	菏泽市
火烈鸟酥	临沂市	馒菁肉丸	泰安市
冰糖河鳗	枣庄市	鱼跃龙门	青岛市
板栗南瓜烧排骨	聊城市	胡豆中华鳖	泰安市
捶烩金汤鱼丝	烟台市	黑虎泉韵石榴包	济南市

多彩故事镇	烟台市	微山筒子鱼	济宁市
墨金豆腐箱	济南市	鱼之乐	德州市
茶香虾	青岛市	商埠水晶海参	淄博市
素燕西施舌	烟台市	芙蓉鱼羊合鲜卷	菏泽市
三鲜萝卜夹	烟台市	玉米虾圆	济南市
金丝过桥面线虾	枣庄市	银丝海参花	烟台市
藕酿姜笋墨鱼滑	枣庄市	日进斗金	烟台市
翡翠海参	日照市	蟹肉黄炒虾球	滨州市
蒜香鱼羊鲍	德州市	梨撞虾	烟台市
"参"情拥"鲍"	济南市	食茱萸酱味牛方	德州市
一品烧鸡方	聊城市	鱼子芙蓉牡丹虾	威海市
福禄寿喜	德州市	黑椒鱼方	聊城市
运河葫芦鸽	聊城市	蜂巢海参	临沂市
竹君节节升	青岛市	鲍鱼红烧肉	济南市
鲁味黑蒜牛肋排	潍坊市	整鱼两吃	烟台市
张横爆河蚌	济宁市	红烧肉烧鲍鱼	烟台市
葱香莲藕酿虾胶	德州市	红酒贡梨煨鲜鲍	烟台市
潍水风情 渤海至味	潍坊市	"'参'入烟台 福寿常在"之天下第一福	烟台市
檬香鱼跃鱼桥福塔	东营市		

锦绣田园番薯包	青岛市	汤爆管鲍之交	淄博市
富贵牡丹虾	烟台市	荷韵	菏泽市
一品青莲	青岛市	罐焖海鲜全家福	东营市
燕子闹海	烟台市	瑶柱玉带海参盅	威海市
凤吞鸿禧	菏泽市	姜堂牛尾	德州市
富贵珊瑚鱼	济宁市	芥味富贵石榴虾	济南市
香煎海肠卷	烟台市	圆月映绿湖	烟台市
红果菊花鱼	青岛市	东平湖鱼豆花	泰安市
清汤现绣球	烟台市	黑蒜烧鳗鳞鱼	东营市
花开富贵牡丹虾	济南市	荷塘春韵	菏泽市
茄汁菠萝虾	青岛市	猴头菇酿海参	淄博市
陈香九制烧牛肉	济南市	桃花虾配双色鱼卷	聊城市
黑醋脆鲈鱼	德州市	意境金丝牛肉	德州市
阿胶雪梨丸	聊城市	牛蒡爆浆虾球	潍坊市
卢俊义麒麟玉书鱼	聊城市	万象更新	济南市
马家沟芹菜鲜虾球	青岛市	驴肉汤烩萝卜丸子	潍坊市
佛见喜锦梨	临沂市	一帆风顺	烟台市
清油扒贝脯	烟台市	五福饽饽	烟台市
雪野鲲鹏	济南市		

"新时代 新鲁菜"
2023 创新职业技能竞赛
"十大创新面点"

烟台鲍鱼酥	烟台市
万象更新	济南市
一品青莲	青岛市
鱼之乐	德州市
火烈鸟酥	临沂市
老母鸡松茸煨海参饺	青岛市
象形大枣	临沂市
创新天鹅酥	临沂市
苹果酥	烟台市
五福饽饽	烟台市

"新时代 新鲁菜"
2023 创新职业技能竞赛
"预制菜转化创新奖"

顺玉达美六鲜焖子	烟台市
达美辣炒小鲍鱼	烟台市
皇觉上素	烟台市
红烧肉烧鲍鱼	烟台市
五福饽饽	烟台市
万福吉祥	烟台市
福山周郎烧鸡	烟台市
虎皮肘子	潍坊市
瓜香虫米松香肉	潍坊市
参入烟台福寿常在-天下第一福	烟台市

"新时代 新鲁菜"
2023 创新职业技能竞赛
"最佳组织奖"

德州市委宣传部

泰安市委宣传部

烟台市委宣传部

青岛市委宣传部

潍坊市委宣传部

临沂市委宣传部

滨州市委宣传部

济南市委宣传部

菏泽市委宣传部

东营市委宣传部

"新时代 新鲁菜"
2023 创新职业技能竞赛
"特殊贡献奖"

烟台市委宣传部

烟台市商务局

福山区人民政府

龙口市委宣传部

烟台文化旅游职业学院

潍坊市广播电视台

烟台欣和企业食品有限公司

中铁十四局集团有限公司

中国电建所属山东电力建设第三工程有限公司

国网山东省电力公司

"新时代 新鲁菜"
2023 创新职业技能竞赛
"融媒贡献奖"

淄博市委宣传部

枣庄市委宣传部

济宁市委宣传部

聊城市委宣传部

潍坊市文化和旅游局

平度市委宣传部

东平县委宣传部

齐河县委宣传部

武城县委宣传部

高青县委宣传部

"新时代 新鲁菜"
2023 创新职业技能竞赛
"决赛入围奖"

有机黑豆腐酿三鲜	德州市	扒谷	潍坊市
金丝银鱼	泰安市	牡丹花开富贵鱼	菏泽市
糖醋黄鱼脯	德州市	五福八宝鸡	菏泽市
笋干烧渤海湾大虾	烟台市	虎皮肘子	潍坊市
大嘴柴火鸡	日照市	鱼头泡饼	烟台市
石锅猪蹄	泰安市	平安水饺	德州市
王氏肚煲鸡	潍坊市	鸾凤下蛋	聊城市
龙虾汤佐四季狮头	德州市	乾坤九转大肠	东营市
脆皮炸春卷	东营市	海虾酱	潍坊市
黄蓝交汇乳酪慕斯	东营市	香油烧饼	菏泽市
董府虎头鸡	潍坊市	里仁为美	济宁市
手打黑金墨鱼狮子头	济南市	博山炸肉	淄博市

蒜头酥	临沂市	晏府水晶甲鱼冻	德州市
金丝财鱼	聊城市	海蜇炒肉丝	日照市
蒜蓉粉丝虾	枣庄市	龙头双味粉丝	烟台市
银鱼狮子头	临沂市	黄河口松果鱼	东营市
杏干小排	德州市	干煸辣子鸡	临沂市
蒸养马岛海鲜肉焖子	烟台市	菌香鱼头泡饼	济南市
青花椒鱼片	泰安市	新派鱼羊鲜	济宁市
提篮鹿肉	菏泽市	油爆元宝虾	东营市
老公鸡	枣庄市	渤海湾大虾烧白菜	烟台市
鲜鲅鱼丸子	烟台市	乳山脆炸肉	德州市
胶东风味香烤鲅鱼	烟台市	人参虫草牛骨汤	德州市
果仁羊排	枣庄市	酱焖渤海湾大刀鱼	烟台市
金牌老家萝卜丸子	烟台市	醋煎鳎目鱼	潍坊市
养生珍珠羹	德州市	百万砂锅鲽鱼头	潍坊市
新派蒜香鳜鱼	临沂市	状元饺	烟台市
黑椒芦笋煎鲈鱼	济南市	常山东坡肉	潍坊市
品宴贡枣	德州市	金汤鲈鱼狮子头	威海市
浓汤蒸丸	临沂市	彩色层酥巧果	青岛市

东营肴蟹	东营市	鸡焖芋头泡饼	临沂市
花雕蜈蚣醉螃蟹	滨州市	齐闻酒焖火锅鸡	淄博市
五色香米捞鲍鱼	烟台市	纸筒排骨	潍坊市
金汤八宝布袋鸡	德州市	金汤酸味鱼	泰安市
富贵吉祥螺	潍坊市	刺猬鱼	青岛市
鲅鱼水饺	烟台市	堂做灵芝鸡汤馄饨	烟台市
无花果酥饼	威海市	冰花卤海参	日照市
金瓜金丝饼	烟台市	芹香鲜虾豆腐狮子头	烟台市
酱香炒鸡花馍	临沂市	千丝驴肉	聊城市
梅干菜烧汁当家肉	枣庄市	冲浪海参	烟台市

"新时代 新鲁菜"
2023 创新职业技能竞赛
"鲁菜文化传播奖"

五彩鲅鱼面	奥地利	鸡肉土豆盖饭	巴基斯坦
扒原壳澳洲鲍鱼	澳大利亚	金丝凤尾虾	巴基斯坦
爆炒素腰花	澳大利亚	糖醋鱼跃龙门	巴基斯坦
惠灵顿牛排	澳大利亚	西红柿炒鸡蛋	巴基斯坦
火腿空心芹菜	澳大利亚	蛋金玉满堂	保加利亚
金丝凤尾虾球	澳大利亚	油焖大虾	贝宁
木须肉	澳大利亚	脆炸酥肉	
丘北辣椒烧肠头	澳大利亚	好泰泰汉堡	德国
芝士草莓塔塔	澳大利亚	中秋望月	德国
Fruit Chat 水果沙拉	巴基斯坦	西伯利亚（山东）虾仁肉饺	俄罗斯
Karaie	巴基斯坦	俄罗斯薄饼	俄罗斯
丹普赫特-鸡肉炖土豆	巴基斯坦	黑椒牛肉	俄罗斯

尖椒炒牛百叶	俄罗斯	花开富贵牡丹虾	
牛油果金枪鱼	俄罗斯	黄金富贵一品丸	
水煮牛肉	俄罗斯	一品豆腐	捷克
泰式红咖喱荔枝烤鸭	俄罗斯鸭	家常炒鸡	科特迪瓦
新加坡炒粉	俄罗斯	鲜卤猪蹄	肯尼亚
脆瓜炒扇贝	菲律宾	牛肉炒豆角	卢旺达
海虾焗伊面	菲律宾	锅塌豆腐	马来西亚
红豆莲子烩鲍鱼	菲律宾	芥香鸡球	美国
红焖大海螺	菲律宾	清蒸红鱼	美国
喜鹊桂花鱼卷	菲律宾	牛气冲天　香菇滑牛	孟加拉国
果香樱桃一口脆		油焖大虾	孟加拉国
辣子鸡		拔丝金玉满堂	摩洛哥
海鲜捞饭		鱼香肉丝	南非
改良版沂蒙炒鸡	韩国	飞燕鲈鱼	葡萄牙
海鲜两张皮	韩国	凤尾紫白菜	葡萄牙
紧紧相依寿司套餐	韩国	炝拌虫草牛肚丝	葡萄牙
青椒土豆丝	韩国	三文鱼什锦沙拉	葡萄牙
油淋鸡	韩国	私房鲍虾腰	葡萄牙

菜名	国家	菜名	国家
油醋汁浸空心菜苗	葡萄牙	金汤芙蓉鱼	意大利
清蒸加吉鱼	日本	糖醋鱼	意大利
生焖大虾	日本	包粽子	印度
糖醋鲤鱼	日本	芹菜炒牛柳	印度尼西亚
一山一水一圣人	日本	糖醋里脊	英国
月饼	塞拉利昂	映红宝塔姜汁藕	
糖醋石斑鱼	斯里兰卡	翡翠菠菜	约旦
泰式糖醋里脊	泰国	金丝银鱼	约旦
天鹅酥	泰国	酱牛肉	越南
泰山黑豆腐		金丝虾	埃及
檀岛汁原岛虾		清炒虾仁	埃及
拔丝苹果	西班牙	宫保鸡丁	奥地利
浮油鱼片	匈牙利	醋熘白菜	澳大利亚
金蒜雪花牛肉	匈牙利	思乡木须肉	澳大利亚
酱烤羊排	伊拉克	爆炒牛肚	巴基斯坦
西红柿首富	伊拉克	葱烧海参	巴基斯坦
黄瓜拌油条	伊朗	临沂炒鸡、创新煎饼	巴基斯坦
山东炒鸡	伊朗	临沂炒鸡	巴基斯坦

木须肉	巴基斯坦	九转大肠	美国
羊肉汤	巴基斯坦	糖醋鲤鱼	美国
芙蓉蛋扣肉	波兰	清炒油菜	尼泊尔
骨香过桥海鲈鱼	波兰	爆炒腰花	日本
鲁西吉利虾球	波兰	福山豆腐夹	泰国
皮蛋豆腐	多哥	酸辣汤	泰国汤
一鱼五吃（奶汤鱼头、清氽鱼丸、滑炒鱼丝、椒盐鱼片、红烧鱼尾）	俄罗斯	糖心海虎虾	
		秋葵蒸蛏子	新加坡
木须肉	厄瓜多尔	翠竹报春	匈牙利
糖醋鲤鱼	厄瓜多尔	青椒炒蛋	英国
清氽丸子	法国	咸蛋黄焗牛油果龙虾球	
红烧蹄筋		春卷垂柳虾	
熘肚片		龙凤呈祥	
糖醋里脊	几内亚	松鼠鱼	
炝拌腰花	加拿大	绣球干贝	
芙蓉鸡片	加纳	糖醋鲤鱼	
葱烧海参	美国	芫爆双脆	
		镜箱豆腐	

韩国山东同乡会

美国美东山东总商会

澳大利亚昆士兰华人总商会

泰国山东总商会

法国滨州同乡会

日本日中商报社

加拿大渥太华山东同乡会

泰国东营同乡会

俄罗斯山东同乡会

目录

烟台

金汤珍焖长须公 / 01
繁灯璀璨 / 02
薯香满满 / 03
如意佛手酥 / 04
苦读 / 05
多福 / 06
翠荷螺片 / 07
满腹经纶 / 08
酥梅春语 / 09
漫游仙境 / 10
梨膏烧海参 / 11
素燕西施舌 / 12
红酒贡梨煨鲜鲍 / 13
富贵牡丹虾 / 14
芹香鲜虾豆腐狮子头 / 16
燕子闹海 / 17
状元饺 / 18
整鱼两吃 / 20
白云猪手 / 21
皇觉上素 / 22
梨撞虾 / 23
胶东风味香烤鲅鱼 / 24
笋干烧渤海湾大虾 / 26
捶烩金汤鱼丝 / 27
鲅鱼水饺 / 28
苹果酥 / 29
金瓜金丝饼 / 30
五福饽饽 / 32
蒸养马岛海鲜肉焖子 / 33
冲浪海参 / 34
鱼头泡饼 / 35
清汤现绣球 / 36
清油扒贝脯 / 38
香煎海肠卷 / 39
日进斗金 / 40
堂做灵芝鸡汤馄饨 / 41
冰球鲜花椒焓爬虾肉 / 42
圆月映绿湖 / 43
红烧肉烧鲍鱼 / 44
多彩故事镇 / 45
上汤海鲜福袋 / 46
三鲜萝卜夹 / 47
一帆风顺 / 48
龙头双味粉丝 / 49
富贵鲈鱼 / 51
鲜鲅鱼丸子 / 52
渤海湾大虾烧白菜 / 53
金牌老家萝卜丸子 / 54
"'参'入烟台 福寿常在"之天下第一福 / 56
银丝海参花 / 58
五色香米捞鲍鱼 / 59
烟台鲍鱼酥 / 60
酱焖渤海湾大刀鱼 / 61

济南

陈香九制烧牛肉 / 62
芋藕莲蓬 / 63
手打黑金墨鱼狮子头 / 64
万象更新 / 65
"参"情拥"鲍" / 66
雪野鲲鹏 / 67
鲍鱼红烧肉 / 68
玉米虾圆 / 70
菌香鱼头泡饼 / 71
墨金豆腐箱 / 72
花开富贵牡丹虾 / 73
低温慢火黑醋红烧肉 / 74
黑椒芦笋煎鲈鱼 / 76
芥味富贵石榴虾 / 77

青岛

茄汁菠萝虾 / 78
老母鸡松茸煨海参饺 / 79
茶香虾 / 80
鱼跃龙门 / 82
竹君节节升 / 83
刺猬鱼 / 84
马家沟芹菜鲜虾球 / 85
红果菊花鱼 / 86
一品青莲 / 88
彩色层酥巧果 / 90
锦绣田园番薯包 / 91

潍坊

百万砂锅鲽鱼头 / 93
牛蒡爆浆虾球 / 94
富贵吉祥螺 / 96
董府虎头鸡 / 98
醋煎鳎目鱼 / 99
常山东坡肉 / 100
潍水风情 渤海至味 / 101
鲁味黑蒜牛肋排 / 102
虎皮肘子 / 104
纸筒排骨 / 105
驴肉汤烩萝卜丸子 / 106
扒谷 / 107
海虾酱 / 108
王氏肚煲鸡 / 109

临沂

佛见喜锦梨 / 110
鸡焖芋头泡饼 / 112
蒜头酥 / 113
银鱼狮子头 / 114
象形大枣 / 115
浓汤蒸丸 / 116

酱香炒鸡花馍 / 117
新派蒜香鳜鱼 / 119
创新天鹅酥 / 120
火烈鸟酥 / 122
沂蒙风味炒鸡 / 124
蜂巢海参 / 125
干煸辣子鸡 / 126

东营

脆皮炸春卷 / 127
黄蓝交汇乳酪慕斯 / 128
樟树港辣椒烧海参 / 129
檬香鱼跃鱼桥福塔 / 130
油爆元宝虾 / 131
黄河口大豆烧海参 / 133
黄河口松果鱼 / 134
罐焖海鲜全家福 / 135
黑蒜烧鳗鳞鱼 / 136
东营肴蟹 / 138
乾坤九转大肠 / 140

泰安

金汤酸味鱼 / 141
东平湖鱼豆花 / 142
青花椒鱼片 / 143
金丝银鱼 / 144
馒菁肉丸 / 145
石锅猪蹄 / 146
胡豆中华鳖 / 148

淄博

商埠水晶海参 / 149
猴头菇酿海参 / 150
博山炸肉 / 151
汤爆管鲍之交 / 152
齐闻酒焖火锅鸡 / 153

济宁

张横爆河蚌 / 154

微山筒子鱼 / 155
新派鱼羊鲜 / 156
卤味三拼 / 157
里仁为美 / 158
富贵珊瑚鱼 / 160

日照

大嘴柴火鸡 / 161
冰花卤海参 / 162
蝴蝶乌鱼蛋汤 / 164
海蜇炒肉丝 / 165
翡翠海参 / 166

威海

鱼子芙蓉牡丹虾 / 167
无花果酥饼 / 168
金汤鲈鱼狮子头 / 169
瑶柱玉带海参盅 / 170

德州

平安水饺 / 171
蒜香鱼羊鲍 / 172
意境金丝牛肉 / 173
黑醋脆鲈鱼 / 174
食荣荑酱味牛方 / 175
杏干小排 / 176
葱香莲藕酿虾胶 / 177
品宴贡枣 / 178
麒麟凤尾虾 / 179
乳山脆炸肉 / 180
鱼之乐 / 181
糖醋黄鱼脯 / 182
福禄寿喜 / 183
有机黑豆腐酿三鲜 / 184
晏府水晶甲鱼冻 / 185
养生珍珠羹 / 186
姜堂牛尾 / 187
金汤八宝布袋鸡 / 188
人参虫草牛骨汤 / 189

龙虾汤佐四季狮头 / 190

聊城

鸾凤下蛋 / 192
阿胶雪梨丸 / 193
九转芦笋小排 / 194
一品烧鸡方 / 195
黑椒鱼方 / 196
金丝财鱼 / 197
板栗南瓜烧排骨 / 198
千丝驴肉 / 200
桃花虾配双色鱼卷 / 201
卢俊义麒麟玉书鱼 / 202
运河葫芦鸽 / 204

枣庄

老公鸡 / 205
藕酿姜笋墨鱼滑 / 206
冰糖河鳗 / 207
蒜蓉粉丝虾 / 208
果仁羊排 / 209

滨州

蟹肉黄炒虾球 / 210
花雕蜈蚣醉螃蟹 / 211

菏泽

芙蓉金汤菊花鱼 / 212
荷塘春韵 / 213
荷韵 / 214
芙蓉鱼羊合鲜卷 / 216
提篮鹿肉 / 217
香油烧饼 / 218
鲁西南养生羊肉火锅 / 219
牡丹花开富贵鱼 / 220
五福八宝鸡 / 221
凤吞鸿禧 / 222

金汤珍焖长须公

主料 明虾 500 克

辅料 春卷皮 20 克，淡奶油 50 克，清黄油 20 克，蛋白适量

调料 葱 50 克，姜 30 克，花椒 10 克，淀粉 20 克，盐 5 克，白胡椒粉 2 克，植物油适量

装饰材料 星光璀璨花 5 克，三色堇 5 克

于广川

烟台文化旅游职业学院烹饪教师

创新点

本菜品在传统鲁菜"油焖大虾"的基础上，融入了现代烹饪方式，重构了菜品。在这个名字中，"金汤"依然代表油焖技法中金黄色的汤汁，象征珍贵与美味。

This dish is based on the traditional Shandong cuisine "Oil-Braised Prawns" and incorporates modern cooking techniques to reconstruct the dish. In this dish, "Golden Soup" still represents the golden broth characteristic of the oil-braising technique, symbolizing preciousness and deliciousness.

制作过程

1. 选取新鲜明虾去外壳，取虾肉，去虾线，加入盐、白胡椒粉腌制，分成两份备用。虾头、虾壳留用。
2. 将虾头、虾壳清理干净后进行炒制，加入水炖煮，捞出后过滤，制成虾汤备用。
3. 将花椒、姜、葱用植物油炸制成花椒油。
4. 将其中一份腌制好的虾肉吸干水后，加入虾汤烩制成熟，捞出切丁。
5. 将烩虾的汤汁收浓，加入花椒油调味，制成酱汁。
6. 将另一份虾肉加入蛋白、淀粉、淡奶油搅打成泥，过滤后烤制成脆片。
7. 将春卷皮刷上清黄油，放入模具烤制成型，晾凉备用。
8. 将菜品进行组装即可装盘，用装饰材料装饰即可。

制作关键

酱汁需要制成奶油状。

赞词

金汤熠熠映日辉，
珍焖佳肴待客来。
长须公子舞翩跹，
碧波轻翻醉心怀。
油润虾身裹金黄，
焖煮入味香满腮。
佳肴珍馐传千古，
金汤珍焖长须公。

（李朝艳）

繁灯璀璨

马玉英

烟台文化旅游职业学院教师

赞词

口抹胭脂一点朱，
身经油烈体成酥。
灯明万户团圆梦，
烛照千家喜纳福。
贺岁新春同喜乐，
聊慰楚客旅魂孤。
一宵笙调一宵鼓，
将听爆竹一岁除。

（李朝艳）

主料 优质面粉 500 克，猪大油 100 克，莲蓉馅 160 克

辅料 甜菜根粉 5 克，南瓜粉 5 克

调料 水 150 克，植物油适量

装饰材料 紫菜条少许

创新点

这道面点外观如红灯笼，栩栩如生，有喜气洋洋、事事顺心如意、马到成功的美好寓意。灯笼酥皮是由优质面粉加入甜菜根粉、猪大油和南瓜粉制作而成的，再包入莲蓉馅，做出的成品外形美观，层次清晰，口感酥脆。

This pastry resembles a red lantern, vividly bringing to mind auspicious meanings of joy, smooth sailing in all endeavors, and immediate success. The lantern's flaky crust is made from high-quality flour mixed with beetroot powder, lard, and pumpkin powder, then filled with lotus seed paste. The finished product is visually appealing, with clear layers and a crispy texture.

制作过程

1. 制作皮面团：将部分面粉、部分猪大油、甜菜根粉、适量水充分混合，和成面团，分成若干份，揉好备用。
2. 制作心面团：将部分面粉、剩余的猪大油搓擦均匀，和成面团，分成若干份备用。
3. 制作灯笼穗和提手：将剩余的面粉、剩余的水、南瓜粉和成黄色面团，制成灯笼穗和提手的形状。
4. 将小皮面团擀成小心面团 2 倍大小的片，用皮面片包心面团，揉好，起酥，擀成长方形，切片，叠放好，再切片擀薄，包入部分莲蓉馅，做成灯笼的形状。所有生坯都做好。
5. 将油烧热，依次放入各种生坯炸熟，再将灯笼组合在一起，用紫菜条装饰，装盘即可。

制作关键

1. 皮面团和心面团的软硬度要一样，采用小包酥的方式使层次更清晰。
2. 包馅的时候要保证馅心居中。
3. 生坯要及时炸制，避免风干表皮开裂。

主料 面粉 300 克

辅料 南瓜泥 20 克，馅（自选）15 克，可可粉适量，猪油 10 克

调料 泡打粉 3 克，酵母 6 克，水 175 克

薯香满满

陈俊宇

烟台文化旅游职业学院教师

创新点

传统的土豆面包口感比较单一，而象形土豆面包则采用多种食材搭配，使口感更丰富，营养价值更高。

Traditional potato bread has a relatively simple texture, while the potato-shaped bread incorporates a variety of ingredients, resulting in a richer taste and higher nutritional value.

制作过程

1. 面粉开窝，与泡打粉混合均匀，再次开窝放入猪油和南瓜泥、酵母，倒入水中，混合均匀，调和成光滑面团。
2. 醒好面团搓条，分剂子，擀制成片，包入准备好的馅，收口后整成不规则的球形，用工具戳出眼，放入醒发箱，醒发至两倍大小后，放入蒸箱蒸熟。
3. 取出后用可可粉装饰即可。

制作关键

面皮不要擀制太薄。包入馅后一定把口收好，避免醒发和蒸制时开裂。

赞词

土豆包香甜可口，
外皮松软内馅香。
口感丰富味道美，
回味无穷永难忘。

如意佛手酥

李娇

烟台文化旅游职业学院教师

赞词

佛手酥香沁心脾，
轻咬一口满口迷。
皮薄馅足口感佳，
回味无穷乐未央。

主料 面粉 300 克，猪大油 75 克

辅料 豆沙馅 90 克

调料 水 90 克

创新点

这道面点象征着吉祥，一般是寿宴上的糕点。在造型时将切匀的细条制成背部鼓起的手。小包酥的方法使糕点层次清晰、皮酥均匀、外形精美。这道面点口感松酥、甜而不腻。

This pastry symbolizes good fortune and is typically served at birthday banquets. During its shaping, evenly cut thin strips are formed into a hand with a raised back. The method of making small flaky pastries results in clear layers, an even crispness, and an exquisite appearance. This pastry has a light, flaky texture and a sweetness that is not overwhelming.

制作过程

1. 将豆沙馅下剂，搓圆备用。
2. 将部分面粉开窝加入水，揉成光滑的面团，醒发备用。
3. 将猪大油搓化，加入剩余的面粉，搓擦成团备用。
4. 将两种面团分别搓条下剂。将水做的面团擀成片。
5. 采用小包酥的方式，用面皮包猪油面团剂子。
6. 将包好的面团擀成椭圆形卷起。
7. 将卷好的面团擀开叠起，擀成中间厚四周薄的片，包入豆沙馅。
8. 将包好馅的面团切割，制成手的形状。
9. 烤箱 180℃预热，放入生坯，烤 15 分钟，取出装盘即可。

制作关键

1. 皮面团和心面团的软硬度要一样，采用小包酥的方式使层次更清晰。
2. 包馅的时候要保证馅心居中。
3. 生坯要及时烤制，避免风干表皮开裂。

苦读

主料 青萝卜 500 克，南瓜 300 克

配料 面包糠 300 克，咖啡粉 100 克

装饰材料 蝉、葫芦各适量

包淑圣

烟台文化旅游职业学院
副教授
烟台市鲁菜研究所副所长

创新点

这道菜品的造型是饱经风霜的破碎花盆中艰难地长出了很多苦瓜。历经岁月的洗礼，苦瓜依然茁壮成长、昂首向上。寓意中国鲁菜学府的烹饪学子们不屈不挠、艰苦奋斗、勇攀烹饪高峰的工匠精神。

The shape of this dish depicts a weathered, broken flower pot from which many bitter gourds have grown with great difficulty. Despite the passage of time, the bitter gourds continue to thrive and reach upward. This symbolizes the indomitable spirit, hard work, and pursuit of excellence in culinary arts of Shandong cuisine students.

制作过程

1. 将青萝卜皮刻成苦瓜叶子，青萝卜肉刻成苦瓜及瓜藤。
2. 将南瓜刻成花盆，面包糠、咖啡粉制成土壤。
3. 按照图示造型将各部件组装好，用蝉和葫芦装饰即可。

制作关键

此作品制作关键是巧妙地使用青萝卜刻制出苦瓜，要保证苦瓜表皮颗粒完整，造型逼真。

赞词

山地润泽秋来晚，
荒野枯草苦瓜甘。
古韵新风相辉映，
碧波万顷映翠岚。

多福

方磊

烟台文化旅游职业学院教师

赞词

石榴如火映晴空，
枝上玲珑挂果丰。
满腹珠玑藏不住，
笑迎秋意韵无穷。
（李朝艳）

主料 面团、调制好的食用色素水各适量

创新点

作品外观生动活泼，活灵活现，有着"多子多福"的美好寓意。整体用石榴作为装饰，以树干作为支架，突出了两只鹦鹉的可爱。

The appearance of the dish is lively and vivid, embodying the beautiful meaning of "more children, more blessings". The overall piece uses pomegranates as decoration and a tree trunk as support, highlighting the cuteness of the two parrots.

简易制作过程

1. 制作出底座与支架。
2. 制作出石榴与叶子组装到支架上。
3. 制作两只虎皮鹦鹉放在上部，制作一个分开的石榴放在底座旁。
4. 组装作品。用调制好的食用色素水上色即可。

制作关键

细节要处理好。

翠荷螺片

主料 胶东香螺 750 克

辅料 红彩椒 80 克，黄彩椒 80 克

调料 盐 3 克，味精 5 克，水淀粉 10 克，料酒 5 克，指段葱 10 克，蒜片 5 克，植物油适量

装饰材料 雕刻造型适量

创新点

翠荷螺片是在传统鲁菜油爆海螺的基础上创新制作而成的。此菜选用烟台特产香螺，片成薄片，搭配红、黄彩椒经大火爆制而成。四周装扮雕刻的荷花瓣。

This dish is innovatively made based on the traditional Shandong dish "Oil-Braised Whelk". This dish uses the specialty whelks from Yantai, sliced thinly, and stir-fried with red and yellow bell peppers over high heat. The surrounding decor features carved lotus petals.

制作过程

1. 香螺去壳取肉后用盐（分量外）、醋（分量外）搓洗干净，片成大片。
2. 红彩椒、黄彩椒改刀成小块。取小碗，放入盐、料酒、味精、水淀粉制成碗汁。
3. 锅内加入油烧至六成热时，倒入螺片炸制片刻，迅速捞出。
4. 锅内留底油，投入指段葱、蒜片爆香后，倒入螺片、彩椒片和碗汁，大火翻炒成熟后用装饰材料装饰即可。

制作关键

1. 片制海螺时，要片成厚薄均匀、完整的大片。
2. 碗汁的口味要把握好。
3. 爆制时要用大火迅速爆制，使海螺保持脆爽的口感。

李明生

烟台文化旅游职业学院教师

赞词

荷塘六月起微风，
吹皱清波映日红。
朵朵荷花临水立，
翩翩仙子落尘中。

（李朝艳）

满腹经纶

潘晓君

烟台文化旅游职业学院教师

赞词

板上才思断谶纬，
皮里壮气藏经纶。
菜传巧手银丝细，
波翻锦绣水流纹。
（李朝艳）

主料 面粉 500 克

辅料 南瓜汁 280 克

调料 糖 100 克，酵母 3 克

装饰材料 食用色素水适量

创新点

满腹经纶书香气，腹有诗书气自华。作品"满腹经纶"以南瓜汁和面粉为主要材料，运用抻面技艺精制而成。其创新点是将文字烙在面点作品表面，赋予面点文化气息，提升了面点的档次。

A wealth of learning exudes a scholarly aura; one filled with knowledge always behaves in elegance.

The dish "Wealth of Learning" is primarily made from pumpkin juice and flour, crafted using the technique of stretching dough. Its innovative aspect lies in imprinting characters on the surface of the pastry, infusing it with a cultural essence and elevating its quality.

制作过程

1. 和面：将所有主料、辅料、调料放在一起拌匀，和成偏软的面团。
2. 抻面：将面团运用一定的技法抻拉成粗细一致的丝条形状。
3. 将面丝刷油（分量外），切成小段。
4. 将抻面过程中揪下的面头揉匀、揉光滑，下剂制成面皮，包入面丝摆入蒸屉上，醒40分钟。
5. 蒸锅提前预热，把水烧开。将醒好的银丝卷生坯放进蒸锅内蒸15分钟。取出后用食用色素水烙上文字即可。

制作关键

1. 抻面是重点，两手用力要均匀，出条粗细要一致。
2. 成型时面皮要把面丝包在中间位置，不要包偏馅心。
3. 醒面是难点。一定要醒发到位后再蒸制成熟。

酥梅春语

钟政

烟台文化旅游职业学院教师

赞词

春来江树绿如蓝，
香雪缤纷映日酣。
独有梅花偏耐久，
傲然枝上笑春寒。

（汪中）

主料 中筋面粉100克，低筋面粉80克，猪油55克，糖10克，抹茶粉1克，抹茶馅80克

创新点

酥梅春语作为一款传统的中式糕点，历史悠久，制作工艺精湛。运用特殊的制作工艺，使点心外皮更加酥脆，内馅更加丰富，口感更加多样化。酥梅春语象征美好、幸福和吉祥。此外，这款面点的制作需要精湛的技艺和耐心，也寓意着匠心独运和追求完美的精神。

As a traditional Chinese pastry, this dish has a long history and requires exquisite production techniques. Utilizing special methods, the pastry's outer layer becomes crispier, while the filling is richer and the texture more diverse. Su Mei Chun Yu symbolizes beauty, happiness, and good fortune. Additionally, the making of this pastry requires exceptional skills and patience, embodying the spirit of craftsmanship and the pursuit of perfection.

制作过程

1. 制作油皮部分：用15克猪油、10克糖、100克中筋面粉揉成光滑细腻的面团，盖保鲜膜松弛1小时。
2. 制作油酥部分：用80克低筋面粉、40克猪油制成油酥面团。分出40克油酥面团，放入抹茶粉，揉匀。剩余的油酥面团揉匀后放冰箱冷藏。
3. 松弛好的油皮面团切出一点儿做花芯。其余的分成剂子。两种油酥面团也分成剂子。
4. 油皮剂子擀成长方形包住油酥剂子，三面捏紧，松弛10分钟。松弛好后轻轻擀开，翻面再擀两次，卷起来，擀成长条，翻面再稍擀下。
5. 一面朝下擀成皮，包入馅料，做好造型，放上花芯。
6. 烤箱预热好，放入做好的生坯，用160℃烤25～30分钟。

制作关键

1. 制作油皮面团部分多揉一会儿，揉至光滑细腻。
2. 油皮擀制时，不用擀太长，注意不要破皮。
3. 包馅时漂亮的一面朝下，也可以包入喜欢的其他馅料，不要包反。

漫游仙境

苏维翰

烟台文化旅游职业学院
烹饪教师

赞词

人间烟火浓又淡，
仙境美食诱人餐。
烹饪技艺传千古，
漫游仙境品奇缘。

主料　带皮烟台黑猪肉 2000 克

配料　苹果 200 克

调料　葱 100 克，姜 80 克，桂皮 10 克，香叶 8 克，八角 10 克，生抽 100 克，老抽 80 克，盐 10 克，糖 10 克，苹果醋 50 克，高汤适量

装饰材料　雕刻造型适量

创新点

"漫游烟台"采用烟台黑猪肉与特色物产为主料，采用了鲁菜中卤、烧烹饪技巧。将猪肉整块卤好，刻成烟台地图的形状，采用鲁菜名菜宝塔肉的手法将肉片好，蒸制酥烂。整道菜利落大方，造型别致，象征着烟台喜迎八方来客、笑纳四方宾朋的美好寓意。

This dish uses Yantai black pork and local specialties as its main ingredients, employing braising and cooking techniques from Shandong cuisine. The pork is braised whole and shaped into the form of a map of Yantai, using the method of the famous Shandong dish "Pagoda Pork" to slice the meat and steam it until tender. The entire dish is neat and elegant, with a distinctive shape, symbolizing Yantai's warm welcome to guests from all directions and its hospitable spirit.

制作过程

1. 锅中加入清水、少许葱、少许姜、料酒，放入猪肉汆水。
2. 另起锅加入植物油，加入剩余的葱、剩余的姜、桂皮、香叶、八角煸炒。放入生抽、老抽、苹果醋、糖、盐、高汤调成卤水。把汆水后的猪肉放入卤水中卤至成熟、入味。
3. 将卤好的猪肉用刀刻成烟台地图的形状。再运用宝塔肉的改刀方式将肉片好，放入锅中蒸制酥烂。取出摆入盘中，用装饰材料装饰即可。

制作关键

原料方面选择整块的带皮猪五花肉。片肉时注意厚薄均匀，不可切断。

梨膏烧海参

- **主料** 水发海参适量，百合 250 克，梨膏 100 克，南瓜球 50 克
- **辅料** 薄荷叶少许
- **调料** 盐 5 克，味精 6 克，糖色 100 克，调味酱油 10 克，葱 50 克，葱油 15 克，植物油、清汤、老抽各适量

盖玉彬

烟台文化旅游职业学院
烹饪专业教师

创新点

本菜品是在鲁菜名菜"葱烧海参"的基础上创新制作而成的。它选用烟台长岛海参，以烟台莱阳梨膏代替白糖，搭配百合、南瓜球、炸葱丝制作而成。海参口感弹牙，百合、南瓜软糯，葱丝香脆。整道菜口味咸鲜微甜，食用后口齿间留有莱阳梨的清香，让人回味无穷。

As an innovative creation of the famous Shandong cuisine "Braised Sea Cucumber with Scallions", this dish uses sea cucumbers from Changdao, Yantai and replaces white sugar with Laiyang pear syrup of Yantai, paired with lily bulbs, pumpkin balls, and fried scallion strips. The sea cucumbers have a firm and chewy texture, while the lily bulbs and pumpkins are soft and glutinous. The overall flavor of the dish is savory with a hint of saltiness and sweetness, leaving a refreshing fragrance of Laiyang pears in the mouth, making it unforgettable.

制作过程

1. 葱切丝，炸至呈金黄色时捞出，用吸油纸吸干油。
2. 百合切成小块，焯水。另起锅加入少许葱油和百合块、南瓜球、少许盐、味精翻炒至入味，盛出备用。
3. 锅中加入清汤、调味酱油烧开，放入海参汆一下捞出。
4. 另起锅，加入剩余的葱油、老抽，加入梨膏、剩余的盐、糖色，大火烧开，小火煨至入味，装入盘内，撒入百合块、南瓜球、炸葱丝、薄荷叶即可。

制作关键

1. 海参有较重的腥味，需要汆汤去腥后烧制。
2. 为了使海参口感更好，烧制时需小火烧至入味。
3. 葱丝炸好后可以用吸油纸吸干油，以使其保持香脆的口感。

赞词

海参佐以梨膏炖，
时有鲜香且有温。
百合丛中生妙笔，
一盘犹滞半乾坤。

（郭成峰）

素燕西施舌

门延才

烟台市明盛祥餐饮管理有限公司行政总厨

赞词

西施舌嫩与鸡汤,
红白相间兼菜香。
千里客来如海纳,
席间占据最中央。
（郭成峰）

主料 鸟贝 100 克,白萝卜 150 克
调料 鸡汤 150 克
装饰材料 香菜心 1 个,枸杞 1 个

创新点

本菜品选用当地白萝卜和烟台鸟贝（本地人称其为西施舌）用鸡汤烹制而成。它体现了鲁菜的原汁原味的特点。

This dish is prepared using local white radish and Yantai cockles, cooked in chicken broth. It exemplifies the authentic flavors and essence of Shandong cuisine.

制作过程

1. 将白萝卜洗净去皮,切细丝。鸟贝去内脏,取肉,清洗干净。
2. 将白萝卜丝和鸟贝烫熟后依次摆入容器中。
3. 鸡汤烧开浇在容器里,点缀香菜心、枸杞即可。

制作关键

烫鸟贝的时间不能过长,否则鸟贝容易变老。

红酒贡梨煨鲜鲍

主料　烟台长岛三头鲜鲍鱼适量

辅料　莱阳贡梨 100 克，芡实适量

调料　烟台张裕干红葡萄酒 200 克，冰糖 15 克，自制鲍汁 20 克

王飞

烟台市凤凰山宾馆厨房主管

创新点

本菜品是由传统鲁菜扒原壳鲍鱼创新而成的，用红葡萄酒、莱阳特产贡梨和长岛鲍鱼煨制而成。此菜品所用的材料都有不错的养生功效。

Adapted from the traditional Shandong cuisine of braised abalone in its shell, this dish is made by simmering with red wine, the special gong pears from Laiyang, and abalone from Changdao. The ingredients used in this dish all have excellent health benefits.

制作过程

1. 将新鲜鲍鱼宰杀，治净。
2. 贡梨去皮，一切四瓣，去芯，切成片。
3. 将张裕干红葡萄酒倒入锅中，加入冰糖，放入贡梨片烧开后关火，浸泡 8 小时。
4. 将鲍鱼肉和芡实放入砂锅中，倒入泡贡梨的红酒汁大火烧开，改小火煨至鲍鱼软烂，出锅搭配泡好的贡梨片即可。

制作关键

掌握好煨制鲍鱼的火候。

赞词

张裕干红煨鲍鱼，
盘飧珍品似关雎。
烹鲜箸下一杯酒，
倍觉清新压菜蔬。

（郭成峰）

富贵牡丹虾

主料 鲜虾 400 克

辅料 火龙果 200 克，香菇 100 克，鸡蛋清 50 克

调料 青辣椒 100 克，红辣椒籽少许，盐 5 克，味精 4 克，料酒 30 克，淀粉 200 克，香油适量

创新点

富贵牡丹虾外观形似牡丹开放，形象逼真，象征幸福、和平。成菜中的红色虾片是加入火龙果汁制作而成的，既美观又富有营养。虾肉口感滑嫩细腻。

This dish resembles an open peony flower, symbolizing happiness and peace. The red color in the dish is achieved by mixing in dragon fruit juice, making it both visually appealing and nutritious. The texture is refreshing and crisp, while the shrimp slices are tender and delicate.

制作过程

1. 将鲜虾去头、皮，去沙线，用刀从虾肉的背部片成合页状。
2. 火龙果打成汁。把改好刀的虾肉用少许盐、少许味精、料酒、鸡蛋清、淀粉抓拌均匀。将一部分虾肉用火龙果汁腌制上色。
3. 用专用工具将所有的虾肉敲打成薄片。
4. 锅里放水烧开，放入所有的虾片煮熟，捞出，放入凉水中。
5. 把香菇切成枝干形状，青辣椒切成叶子形状，分别放入开水里烫一下捞出，放入凉水中冲凉后捞出，加剩余的盐、剩余的味精、香油调味。
6. 用煮熟的虾片在盘中摆出牡丹的形状，用香菇条作枝干，辣椒片作叶子摆好造型，撒上红辣椒籽点缀即可。

制作关键

1. 一定要用鲜虾。
2. 虾片要薄一点。
3. 虾用果汁腌制的时间要长一点儿。
4. 摆放的形状要逼真，造型要美观大方。

李洪刚

烟台市栖霞市隆丰餐饮有限公司厨师长

赞词

宛若天香出内家，
更需缮者对人夸。
红醪绿意凝云液，
碧玉琅玕盘物华。

（郭成峰）

芹香鲜虾豆腐狮子头

戚为强

烟台市瑞景酒店管理有限公司行政总厨

主料	鲍芹 100 克，手剥鲜虾仁 150 克，豆腐 150 克，五花肉 100 克
辅料	鸡蛋 1 个，油菜心 10 棵，虫草 30 克，枸杞适量
调料	盐 15 克，味精 5 克，胡椒粉 1 克，淀粉 20 克，葱、姜共 50 克，清汤适量

创新点

传承不守旧，创新不忘本。这道菜是在传统的四喜丸子的基础上改良而来的。主料上将传统四喜丸子用的肉换成虾仁和豆腐，烹调方法上由烧改为炖，使成品少了油腻的口感。这道菜清香淡雅，营养更丰富，食材更健康。

As a combination of inheritance and innovation, this dish is an improvement based on the traditional four-joy meatballs. The main ingredient of meat is replaced by shrimp and tofu, and the cooking method shifts from braising to simmering, thus making it less greasy. This dish is light and elegant, with richer nutrition and healthy ingredients.

制作过程

1. 将各种主料切成大小均匀的粒。葱、姜拍碎制成葱姜水。
2. 将切好的材料粒、鸡蛋、盐、味精、胡椒粉、淀粉、葱姜水等依次加入盆内调拌成馅。油菜心和虫草煮熟。
3. 起锅加入清汤，将调好的馅料做成大小均匀的丸子生坯下入锅中，用大火将汤烧开后转成小火炖 30 分钟即可出锅，加入油菜心和虫草即可。

制作关键

一定要选择鲜活的烟台本地海捕虾制成的虾仁和传统的卤水豆腐。要选用章丘的鲍芹，它的口感脆嫩。

赞词

鼎中丸子足当家，
尕罢鲍芹和海虾。
一句荔枝堪绝色，
朵颐挑起斗鲜华。
（郭成峰）

燕子闹海

于海江

烟台市天天渔港酒店厨师

赞词

如虾似燕围成圆,
中有海参来透鲜。
音讯传时须饮酒,
此间味道聚神仙。

（郭成峰）

主料 　大虾10只，牙片鱼肉100克，水发海参500克

辅料 　鸡蛋清、油菜各适量

调料 　花椒粒20粒，清汤、葱段、盐、味精、水淀粉、料酒、酱油、植物油、香油各适量

创新点

此菜品形象逼真。燕子栩栩如生。在中间用海参等营造出一种海的氛围。此菜使用大虾等海鲜做成的，口味鲜美，营养丰富，色泽丰富。它是一道颇有创意的菜品。

This dish is vividly realistic, with the swallows appearing lifelike. The use of sea cucumbers and other ingredients in the center creates an oceanic atmosphere. Made with large shrimps and other seafood, this dish is delicious, nutritious, and visually vibrant. It is a highly creative culinary creation.

制作过程

1. 将大虾去除头和皮（留尾和虾针），从背中间片成合页形，加少许盐、少许料酒略腌。
2. 鱼肉剁成细泥，加清汤、鸡蛋清、少许盐和少许味精，搅拌均匀，抹在虾肉上。将虾肉混合的做成燕子身体形状，用花椒粒做燕子的眼，用少许虾尾做燕子的翅膀，虾针做燕子的嘴，上笼蒸熟放在盘子上。
3. 锅内加清汤、少许盐、少许味精烧开，勾芡，加香油，混合均匀浇在"燕子"身上。另起锅，将油菜煮熟，摆盘。
4. 海参切抹刀大片，用热油一烫即捞出。另起锅，锅内加25克油，烧热后加葱段煸炒，然后加入料酒、清汤、酱油、海参片、味精，略煨，加水淀粉勾芡，再加香油，出锅摆盘，去掉盘中的汤汁即成。

制作关键

1. 选用新鲜材料。
2. 刀工要精细、均匀。
3. 烹制时间不宜过长。

状元饺

方磊

烟台文化旅游职业学院教师

赞词

状元及第接龙门，
翘楚红冠延子孙。
何幸清音新乐府，
感恩培育举芳樽。
（郭成峰）

主料 优质面粉 500 克，大虾 5 个，鲍鱼 3 个，海参（用高压锅制熟）8 个，肉末 200 克，韭菜 300 克，熟油菜适量

辅料 红曲米粉适量

调料 酱油 10 克，花生油 10 克，高汤、盐各适量

创新点

本面点是在传统面点"状元饺"的基础上，加以改良而成的。内馅以海鲜为主，食用时配以高汤。状元饺的造型小巧精致，外形酷似状元的帽子，寓意高中状元，又因其外形较为圆润，故也有团圆喜庆、财源滚滚之意。

This dish is an improved version of the traditional Shandong cuisine Zhuangyuan Jiaozi. Incorporating spinach juice and dragon fruit juice into the filling, the jiaozi are shaped like goldfish. The presentation resembles goldfish swimming in a stream, with a fresh and tender texture that carries the fragrant essence of fruits and vegetables.

制作过程

1. 将韭菜切成韭菜末。将大虾去皮，挑出虾线。将鲍鱼、海参、大虾肉切成丁。将切好的材料丁、韭菜末和肉末加盐、酱油、花生油调制成馅料。
2. 部分面粉中加入水，制成白色面团。剩余的面粉中加入水和红曲米粉制成红色面团。白色面团搓成长条，红色面团擀成薄片包住白色面条。将包好的面条搓成长条下剂子，擀皮。
3. 包入馅料制作出状元饺形状。水开后放入状元饺生坯，煮熟后放入盛器中加入高汤、熟油菜即可。

制作关键

制作状元饺选用的是活虾、活鲍鱼，海参是高压锅做好的。肉末选择肥肉多的，加入这种食材制作出的馅口味会更好。

整鱼两吃

范庆林

烟台市天天渔港酒店厨师长

赞词

海里鲈鱼逐浪翻，
今日两吃幸滋繁。
食家谱系同门手，
荤素结合味有源。
（郭成峰）

主料 海鲈鱼1条（约1250克），鲜虾泥200克

辅料 油菜心（烫熟）10棵，青豆10克，胡萝卜粒5克

调料 葱末3克，姜末3克，蒜末3克，料酒20克，番茄酱15克，糖20克，米醋15克，盐3克，味精2克，生粉100克，鸡油10克，清汤150克，植物油、香菜各适量

创新点

一鱼两做。成品红白相间，艳丽美观。它有两种形态——一半是清蒸合页鱼，一半是松鼠鱼。它有多重口味，有鲜有香，酸甜可口。

One fish, prepared in two ways and featuring red and white colors, creates a vibrant and attractive presentation. It showcases two forms: one half is steamed fish, while the other half is squirrel-shaped fish. It has multiple flavors, combining freshness and aroma, with a delicious balance of sweet and sour.

制作过程

1. 将鱼洗净后取下鱼头，将鱼头从中间纵向一分为二，鱼身片为两片（每片都带尾）。鲜虾泥用少许盐调味，拌匀。
2. 将一半鱼肉皮朝下片成合页片，放上虾泥，放上一半鱼头，上笼蒸至熟嫩，取出，放在盘子一边。
3. 净锅内加入清汤烧开，加少许盐及味精调味，用少许生粉勾芡，淋鸡油，将汤汁浇在合页鱼片上。
4. 另起锅，加入油，烧热。将另一半鱼肉切麦穗花刀，用部分生粉拌匀，与另一半鱼头一起入热油中炸至呈金黄色捞出，盛于盘子另一边。
5. 另起油锅，下葱末、姜末、蒜末爆锅，加入番茄酱、青豆、胡萝卜粒、水、剩余的盐、糖、米醋、料酒，烧开，用剩余的生粉勾芡，浇在炸好的鱼上。
6. 用烫熟的油菜心、香菜点缀即可。

制作关键

1. 选用新鲜海鲈鱼。
2. 刀工要精细、均匀。
3. 烹制时动作要快。
4. 上菜时要保证菜品热烫。

白云猪手

主料 本地黑猪猪蹄 500 克

调料 盐 30 克，鸡精 25 克，料酒 20 克，葱 30 克，姜 30 克，八角 10 克，花椒 8 克，香叶 8 克，白皮水 100 克

装饰材料 绿叶菜、花瓣各适量，黑芝麻 5 克

创新点

白云猪手这道菜是在经典鲁菜猪蹄冻的基础上改良而成的。猪蹄冻挂上一层白色的皮水，口感弹牙滑爽，口味咸鲜。

Whie Cloud Pig Trotter is a dish that has been adapted from the classic Shandong dish "Pig Trotter Jelly". The pig trotters are coated with a layer of white gelatin, resembling white clouds. The texture is chewy and smooth, with a salty and fresh flavor.

制作过程

1. 将猪蹄处理干净，汆水。
2. 另起锅，将猪蹄放入锅中，加入清水、盐、鸡精、料酒、葱、姜、八角、花椒、香叶，开锅后用小火炖两小时。
3. 将猪蹄捞出，去骨，切成小丁，倒入炖猪蹄的原汤搅拌均匀。
4. 把搅拌好的猪蹄丁和汤倒入模具中，放入冰箱冷藏两小时，取出，刷上白皮水。
5. 用装饰材料点缀装盘即可。

制作关键

在刷白皮水的时候要控制好它的温度。

李春辉

烟台市鲁菜故事镇酒店凉菜主管

赞词

口感滑爽滋味鲜，
谁疑此处冻皮篇。
白云猪手珍珠色，
圆润身材走大千。

（郭成峰）

皇觉上素

郝大忠

烟台市龙口市东海旅游度假区月亮湾海景酒店厨师

赞词

千手妙人享大庖，
无须奢侈置丰肴。
恰逢花绽荷擎蕊，
烟薯萝凫摆五爻。

（赵海涛）

主料　烟薯 300 克，芋头 280 克，紫薯 200 克，胡萝卜 150 克

调料　白糖 100 克，糖桂花 60 克，盐 2 克，生粉 20 克

装饰材料　绿叶菜少许

创新点

本菜品造型新颖，将芋头等食材做成橄榄形，再层层垒起，给人一种充实感，体现出秋收的喜悦。加入糖桂花使成品口味香甜、口感软糯。

This dish features a novel presentation, with taro and other ingredients shaped into olive forms and stacked layer by layer, creating a sense of fullness. It reflects the joy of autumn harvest. The addition of osmanthus syrup enhances the final product, giving it a fragrant sweetness and a soft, glutinous texture.

制作过程

1. 将各种主料改刀成橄榄形，上屉蒸 12 分钟。
2. 将调料加水煮成料汁。
3. 各种做好的主料取出后摆成莲花造型。
4. 浇入料汁，用装饰材料装饰即可。

制作关键

1. 每种主料改刀后大小要一致。
2. 控制蒸的时间。
3. 摆盘时要保证造型美观。

梨撞虾

主料 莱阳梨肉 500 克，南美虾 100 克

辅料 熟青豆少许

调料 大红袍花椒 2 克，盐 2 克，糖 1 克，花雕酒 10 克，淀粉 15 克，葱姜油 10 克，植物油适量

创新点

本菜品外观清新淡雅，口味清甜鲜香。它采用莱阳梨制作而成。这种梨汁水多，清甜脆口。里面的虾肉弹牙筋道，还有大红袍花椒带来的微麻的口味。多种味道在舌尖上爆发，让人流连忘返。

With a fresh and elegant appearance, and a sweet and fragrant flavor, this dish is made from authentic Laiyang pears, which are juicy, sweet and crisp. The shrimp inside is tasty and chewy, complemented by the mild numbing taste of da hong pao pepper. A burst of various flavors explodes on the palate, leaving diners wanting more.

制作过程

1. 取花椒放入锅内烤干水分，倒入磨钵中磨碎。
2. 将花椒碎过筛备用。
3. 将虾去壳，开背，取虾仁加少许盐和花雕酒翻拌均匀，加入少许淀粉待用。
4. 梨肉切成方丁。
5. 起油锅，油五成热后挨个放入虾仁。虾仁呈金黄色时放入梨丁，稍炸，捞出。
6. 另起锅，加水，加剩余的盐和糖。大火烧开后用剩余的淀粉勾芡，加入葱姜油。
7. 翻拌均匀。
8. 装盘，撒花椒碎、熟青豆即可。

制作关键

1. 梨肉丁不要太薄。梨肉丁一定要过油。
2. 虾仁不要炸制时间过长。
3. 炒制时注意火候。

陈俊

烟台文化旅游职业学院专业教师

赞词

虾嫩梨甜整一盘，
花椒碾碎走珠丸。
嗟予久慕相如者，
亦有金黄待挂冠。

（赵海涛）

胶东风味香烤鲅鱼

张军强

烟台市金海岸希尔顿酒店宴会厨师长

主料　鲅鱼 1 条，昆布适量

调料　葱 15 克，姜 15 克，香菜 15 克，花椒 8 克，八角 5 克，香叶 2 克，盐 15 克，鸡精 10 克，糖 10 克，料酒 15 克，鱼露 15 克

搭配材料（选用）　玉米饼适量

创新点

本菜品采用胶东地区传统的一卤鲜烹饪技术制作而成，将鲅鱼用腌制、晾晒、风干、烤制等传统方法制成香烤鲅鱼，但抛弃了传统的做法，而是采用昆布包裹，使造型更加美观。它保留了食材原始的风味，搭配自制玉米饼食用，体现出胶东传统特色。

This dish is made using the traditional marinated cooking technique from the Jiaodong region, transforming Spanish mackerel into fragrant roasted mackerel through methods such as pickling, drying, air-drying, and roasting. However, instead of the traditional method, it uses kombu wrapping for a more aesthetically pleasing presentation. It preserves the original flavors of the ingredients and is served with homemade corn cakes, highlighting the traditional characteristics of Jiaodong cuisine.

制作过程

1. 取鲅鱼去掉鱼头。鱼身去刺取肉，用所有调料腌制鱼肉。
2. 用晾晒、风干等方法制作鱼肉。将鱼肉用昆布包裹。
3. 将包裹好的鱼肉放进烤箱，用 180℃烤制 15 分钟。
4. 切块装盘，搭配玉米饼即可。

制作关键

把握好腌制调料的比例。调料不能太多，以免掩盖鱼肉原有的鲜美味。

赞词

马鲅鱼香昆布间，
风干待润且烹鲜。
金黄玉米糊成饼，
合在仙家炉火前。

（赵海涛）

笋干烧渤海湾大虾

陈晓龙

烟台市创实酒店投资管理有限公司主管

赞词

白玉碗中虾已红，
笋干独占挂天东。
鲜肥此日千重绮，
兰桨东坡有客同。
（赵海涛）

主料 大对虾 850 克

辅料 冬笋块 100 克，毛豆 100 克，黑猪五花肉块 80 克

调料 虾油 40 克，味精 8 克，鸡精 10 克，姜 40 克，蒜 30 克，色拉油、花雕酒、高汤各适量

创新点

这道菜品色泽红亮，肉质紧实，味道鲜美，是参照传统鲁菜油焖大虾的烹调方法制作而成的。它保留了渤海湾大对虾的鲜美滋味。

With a vibrant red color, firm texture and delicious flavor, this dish is an improved version inspired by the traditional Shandong dish "Oil-Braised prawns". It preserves the exquisite taste of the large prawns from the Bohai Bay.

制作过程

1. 将冬笋块过油，炸至干香。对虾开背。
2. 另起油锅，将五花肉块炒至干香，倒出多余的油。下入姜、蒜炒香，将对虾依次下入锅内。
3. 煎至对虾变色且弯曲后，烹入花雕酒，加入高汤，下入炸好的冬笋块和毛豆，小火烧 10 分钟。
4. 加入味精和鸡精，加入虾油，烧至汤汁浓稠即可。

制作关键

1. 大对虾要从第二节往下开背，这样不容易掉头。
2. 煎大对虾时用手勺轻轻拍打虾头，把虾脑拍出来，制作出来的虾色泽红亮。

捶烩金汤鱼丝

主料 牙片鱼肉、青笋丝、木耳丝、青椒粒、红椒粒、油菜各适量
调料 葱、金汤、姜、盐、味精、淀粉、植物油、料酒各适量

创新点

本菜品是比较典型的金汤菜，造型美观，味道鲜美。捶烩是一种传统的烹调方法，本菜品使用这种烹调法制作鱼丝，使这种传统技法焕发出新的光彩。

This dish is a typical example of golden soup cuisine, featuring an attractive presentation and delicious flavor. The technique of pounding and stewing is a traditional cooking method, and this dish utilizes it to prepare fish shreds, giving this traditional technique a new brilliance.

制作过程

1. 牙片鱼肉切片，放入盐、味精、料酒、葱、姜腌制。
2. 腌制好的鱼片拍上淀粉，敲打后切成丝。
3. 锅中加水，水冒泡后加入鱼丝、青笋丝、木耳丝，焯熟后捞出。将油菜焯熟。
4. 起锅烧油，加入葱、姜炒香，加入金汤，勾芡后加入鱼丝、青笋丝、木耳丝烩制。
5. 出锅，摆盘，摆上油菜，撒少许青椒粒和红椒粒即可。

制作关键

掌握好烩制的火候。

车旭坤

烟台市旺角小渔村厨师长

赞词

捶烩金汤围绿边，
鱼丝细腻两皤然。
斟时一碗成佳酿，
云接芙蓉水浸天。
（赵海涛）

鲅鱼水饺

鲅嫂徐巧玉

烟台市独鲅一方食品有限公司生产负责人

赞词

鲅鱼水饺出胶东，
佐料求精各不同。
浓郁新添汤汁色，
鱼鲜天地是家风。
（赵海涛）

主料　鲅鱼 90 克，面粉 500 克
配料　鸡蛋 20 克，五花肉末少许，韭菜末少许
调料　葱姜水 73 克，花生油 5 克，料酒、盐、香油各少许
装饰材料　枸杞少许

创新点

本菜品主料选用的是黄海、渤海交界处新鲜的鲅鱼。鲅鱼经排酸等工艺去除腥味。将肉搅打很长时间让鲜味物质释放出来。胶东鲅鱼水饺都加一点儿五花肉，成品具有鱼肉和猪肉融合的香味。

This dish mainly uses fresh Spanish mackerel from the area where the Yellow Sea meets the Bohai Sea. The mackerel undergoes a process of acid removal to avoid any fishy taste. The meat is thoroughly pounded to release its natural flavor, recreating an authentic taste. Jiaodong-style mackerel jiaozi typically include a small amount of pork belly, resulting in a harmonious blend of fish and pork flavors in the final product.

制作过程

1. 用刀贴骨把鲅鱼的鱼肉片下来，放在清水里清洗干净。
2. 将鱼肉刮成小片，放入盆中开始搅打，依次加入鸡蛋、葱姜水、盐、料酒继续打，打得越细腻越好。
3. 放入五花肉末，顺时针搅拌至上劲。
4. 加入花生油和少许香油，搅拌均匀，最后放入韭菜末，轻轻拌匀。
5. 用 500 克面粉、240 克水、少许盐和成面团，醒 5 分钟。
6. 将面团切成相同大小的小面团，擀成手掌大的薄皮，放入馅料，鲅鱼饺子生坯就包好了。将饺子生坯煮熟，用枸杞装饰即可。

制作关键

严选新鲜食材。经全程低温、排酸等工艺去除腥味，搅打两个小时的鲅鱼馅，鲜味物质充分释放了出来，加上蛋液挂浆，让鲅鱼水饺更加滑嫩。

苹果酥

于林宏

烟台文化旅游职业学院学生

苹果坯主体材料 优质面粉 500 克，红曲末粉 5 克，猪大油 100 克，水 150 克，莲蓉苹果馅 160 克

炸制材料 植物油适量

其他材料 面粉、绿色素、咖啡色素、水各适量

创新点

这道面点外观红彤彤的，寓意生活"平平安安、吉祥如意"。苹果酥皮是用优质面粉加入红曲米粉、猪大油制作的。此面点外形美观，层次清晰，口感酥脆。

This apple pastry has a bright red appearance, symbolizing a life of "safety and good fortune". Its crust is made with high-quality flour, red yeast rice powder, and lard. It is visually appealing, with clear layers and a crispy texture.

制作过程

1. 将部分面粉、部分猪大油、红曲米粉、水充分混合，和成面团，分成若干等份，揉好，即成皮面团。
2. 将剩余的面粉、剩余的猪大油搓均匀，分成若干等份，即成心面团。
3. 将一个皮面团擀成一个心面团横切面的两倍大小。用皮面片包心面团，擀成长方形，切成片叠放好，再擀薄，包入少许莲蓉苹果馅，做成苹果主体的形状。依次做好其他苹果主体生坯。
4. 用其他材料做成苹果梗和苹果叶的形状。
5. 将油烧热，将各种生坯炸熟，做好造型即可。

制作关键

1. 皮面和心面软硬要一致。
2. 用力一定要均匀。
3. 掌握好炸制时的油温。

赞词

巧梳云鬓透红丹，
韵到圆时静处看。
未作浓甘生齿颊，
吉祥寓意报平安。

（赵海涛）

金瓜金丝饼

面团材料　面粉 500 克，白糖 100 克，水 300 克
做馅的材料　胡萝卜丝 200 克，白糖 50 克，糯米粉 180 克
其他材料　色拉油 500 克

创新点

这道点心外表金黄透亮，抖开后宛如一条条金丝。用胡萝卜丝、糯米粉做馅，使成品外酥里糯。每一根金丝都筋道可口，十分好吃。

This snack has a golden, translucent exterior, and when opened, it resembles strands of golden silk. The filling is made with shredded carrots and glutinous rice flour, resulting in a crispy exterior and a chewy, soft interior. Each strand is tender and delicious.

制作过程

1. 将胡萝卜丝加入白糖，挤出水分，加入糯米粉调成团，分割成若干小团。
2. 将面粉倒入搅拌机里加入白糖、水调成面团。
3. 将调好的面团抻成条。
4. 将抻好的面条再拉成粗细均匀的面丝。
5. 将面丝分割成小段，放入油中浸泡。
6. 将泡好油的面丝盘在胡萝卜糯米团上。
7. 将上一步的材料放入上下温度均为 160℃的电饼铛上烤至两面金黄。
8. 将烙好的饼做好造型即可。

制作关键

1. 选用中筋面粉。
2. 从抻面到拉出丝，每一步都很关键。面丝要粗细均匀。
3. 选用的是烙制的方法，电饼铛的温度要掌握好，烙制到外酥里糯。

栾晓庆

烟台文化旅游职业学院
中西面点教师

赞词

嫩黄就里及多层，
烤至酥时绕指生。
纹缕绞绡裁软糯，
巧将粉儿藉金英。

（赵海涛）

五福饽饽

权福健

烟台市福山大面餐饮有限公司行政总厨

赞词

红盘托起福中天，
饽饽星星枣嵌边。
寓意家庭呈美好，
时来运转更相传。

（赵海涛）

主料 面粉 300 克

配料 酵母引子 10 克，红枣丝 50 克

调料 白糖 10 克

搭配材料（可选用） 炸肉汤适量

创新点

此面点是在传统小枣饽饽的基础上进行创新制作而成的。先将面团制成横截面为一元硬币大小的小枣饽饽，再将小枣饽饽摆放成福字形状。可以搭配炸肉汤食用，寓意饽饽就肉越就越有，饽饽就肉健康长寿。此创意源自中国传统的五福文化，具有独特的文化内涵。

This bun is an innovation based on the traditional jujube steamed bun. First, the dough is shaped into small jujube buns with a cross-section the size of a one-yuan coin. Then, the small jujube buns are arranged in the shape of the Chinese character for fortune. They can be eaten together with fried meat soup, symbolizing health and longevity. This creative idea incorporates traditional Chinese culture of the five blessings, forming a unique cultural connotation.

制作过程

1. 将面粉放入盆内加酵母引子、白糖、水和成面团，醒发。
2. 用醒发好的面团做成无名指大的饽饽生坯，再上面按照图示造型插上九条枣丝，上锅蒸熟。
3. 将做好的小饽饽组成福字即可。可配上炸肉汤食用。

制作关键

利用传统酵母引子发酵，这样做出来的饽饽口感纯正、麦香四溢。

蒸养马岛海鲜肉焖子

主料 猪五花肉 1000 克，虾仁 500 克，贝丁 500 克，鲍鱼 2 只

调料 盐 5 克，味精 20 克，酱油 50 克，地瓜淀粉 50 克，八角 2 个，葱米 20 克，姜末 20 克

搭配材料（可选用） 蘸汁适量

创新点

本菜品是在本地特色美食肉焖子的基础上创新而来的，口感软糯，味道鲜香，极易推广。

This dish is an innovative creation based on the local specialty "Steamed Minced Meat". With a soft and sticky texture and a fresh and aromatic flavor, it is highly promotable.

制作过程

1. 将三分之一的猪五花肉切成肉丁，三分之二的猪五花肉剁成肉末。将鲍鱼切成丁。把肉丁、肉末、虾仁、贝丁、鲍鱼丁放入盆中，加入葱米、姜末、盐、味精、酱油，再放入地瓜淀粉和水沿顺时针搅拌。
2. 搅拌好后放入盘中压实，放入八角，放入蒸柜中蒸 50 分钟，冷却后切块装盘。可搭配蘸汁食用。

制作关键

1. 肉馅要沿顺时针搅拌至筋道。
2. 蒸制时间要够 50 分钟。

于连波

烟台市菜根香非物质文化遗产传承基地厨师

赞词

海鲜肉焖把来宾，
亦与牟平拱北辰。
软糯唇间听赞誉，
数家烟火绕新邻。
（赵海涛）

冲浪海参

梁国辉

烟台市黄城宴大酒店行政总厨

赞词

釜中何必煮沧浪，
色泽清新雅趣长。
千里呈来归海纳，
食材诗酒灿金章。
（王为才）

主料　活海参 700 克，西蓝花块 100 克

辅料　鹌鹑蛋 50 克，水发木耳 50 克

调料　白糖 100 克，盐 10 克，白胡椒粉 50 克，鸡汁 50 克，白醋 50 克，秘制高汤、葱末各适量

创新点

　　本菜品选取长岛活海参制作而成。采用热水冲烫的方式，既能保证成品的口感又能充分保留海参的营养物质。海参配上木耳、鹌鹑蛋、西蓝花，色、香、味俱全。

　　This dish is made by using fresh sea cucumber from Changdao. It uses the technique of hot water blanching, which can ensure good taste while fully retaining the nutritional substances of the sea cucumber. The sea cucumber is paired with wood ear fungus, quail eggs, and broccoli, endowing the dish with color, aroma and taste.

制作过程

1. 将活海参进行宰杀。将海参内脏、牙、嘴全部去除。将海参切成丁，并用白糖对海参进行搓洗。用烧开的热水烫 15 秒，盛出备用。
2. 将西蓝花块、鹌鹑蛋、水发木耳焯水。
3. 将预处理好的西蓝花块、鹌鹑蛋、木耳和海参丁依次放入碗中。将秘制高汤煮沸。
4. 将盐、白胡椒粉、鸡汁、白醋、葱末倒入滚烫的秘制高汤中，再将高汤倒入放好主料和辅料的碗中即可。

制作关键

1. 用活海参，充分保证食材新鲜度。
2. 用开水冲烫海参 15 秒钟，不能蒸或煮。
3. 使用滚烫的高汤，上桌后加入放好材料的碗中，不能使用低温高汤。
4. 冲烫后请客人在较短的时间内喝完汤。

鱼头泡饼

张井溢

烟台市蓬莱区状元楼海鲜城主厨

主料	深海鲽鱼头 2500 克
调料	秘制酱料 310 克，高汤 3000 克，花生油 200 克，猪油 50 克，白酒 50 克，葱 20 克，姜 20 克，蒜 20 克
搭配材料	家常油饼 500 克
装饰材料	葱段、红尖椒、橘子瓣、绿叶菜各适量

创新点

鱼头泡饼是一道在北方常见的传统名菜，菜品咸鲜微辣。肉质嫩滑，烙饼蘸汤后更好吃。本菜品使用鲽鱼头制作，营养价值较高。

Fish Head Soup with Fried Dough cake is a traditional well-known dish commonly found in northern China. It has a savory and slightly spicy flavor. The fish meat is tender, and the cakes taste even better when dipped in the soup. This dish is made using flounder heads, which are highly nutritious.

制作过程

1. 将花生油放入锅中，烧热，放入猪油、葱、姜、蒜爆香，加入白酒、高汤、秘制酱料熬制 15 分钟。
2. 捞出杂质，下入鱼头焖 40 分钟。
3. 捞出鱼头装入器皿中，将汤汁收至浓稠倒入器皿中，用装饰材料装饰。上桌后配家常油饼食用即可。

制作关键

鲽鱼一定要洗净。汤汁一定收至浓稠。

赞词

鲽鱼头大显厨功，
极目澄鲜似火红。
汤汁还须开喜色，
盘中泡饼拂祥风。

（王为才）

清汤现绣球

赞词

油豆皮香牙片鱼，
盘飧方寸似包胥。
清汤绿意盈盈瓮，
折尽时鲜总不如。
（王为才）

主料 胶东牙片鱼肉 1500 克，海虾 350 克，贝肉 350 克，五花肉末 500 克，竹荪 50 克，鸡蛋清 40 克，马蹄 200 克，油豆皮 150 克

辅料 枸杞 10 克，虾滑、花王芯、熟油菜、韭菜叶适量

调料 高汤 2000 克，料酒 50 克，盐 20 克，味精 20 克，水淀粉、葱姜水适量

创新点

这道菜品造型新颖。绣球是中国民间常见的吉祥物，有很多美好的寓意。油豆皮的柔软细腻的口感及牙片鱼、海虾、贝丁等材料的弹牙的口感融合在一起，让人回味无穷。这道菜呈现出色鲜味淡的特点。

This dish features a novel presentation. The embroidered ball is a common auspicious symbol in Chinese folklore, carrying many positive meanings. The soft and delicate texture of the oil tofu skin blends perfectly with the chewy texture of the fresh ingredients such as fish fillet, shrimp and diced scallop, leaving a lasting aftertaste. This dish showcases a fresh, light appearance and is both healthy and delicious.

王海隆

烟台市山东城市服务职业学院中餐学院教师

制作过程

1. 油豆皮泡发，改刀，编织成交叉的网格形状。
2. 鱼肉、海虾、贝肉、马蹄切丁加少许葱姜水、少许蛋清、少许水淀粉、少许盐上浆。五花肉末中加剩余的葱姜水、剩余的蛋清、水淀粉、少许盐，拌匀。
3. 海鲜马蹄丁中放入肉末制成丸状，用编织好的油豆皮包裹成若干"绣球"。竹荪中酿入少许虾滑，用韭菜叶捆好。将竹荪虾滑依次做好。将"绣球"和捆好的竹荪入大部分高汤中低温煨至入味后，依次放入器皿中。剩余的高汤中加剩余的盐、味精、料酒调味后依次浇入器皿中，用花王芯、枸杞、熟油菜点缀即成。

制作关键

1. 这道菜的用盐量比较小，要保证食材的原汁原味。
2. 选料要新鲜。

清油扒贝脯

赵阳

烟台市丽苑华宴餐饮有限公司灶台主管

赞词

清油扇贝染葱茏，
菠菜氤氲阆苑宫。
潋滟波光摇翡翠，
韶华不老透玲珑。
（王为才）

主料 扇贝 400 克，菠菜汁 100 克，蛋清适量

辅料 笋片、胡萝卜片各少许

调料 色拉油、盐、味精、水淀粉、蒜片、葱花、清汤各适量

装饰材料 花王芯 1 条，雕刻造型、绿叶菜各适量

创新点

扒贝脯是一道传统鲁菜。这道菜将贝做成橄榄形状，造型美观、大方。以菠菜汁入菜使菜品色泽翠绿、口感滑嫩。

Braised scallops is a traditional Shandong dish. This dish shapes the scallos into olive forms, presenting an elegant and refined appearance. The use of spinach juice gives the dish a vibrant green color and a smooth texture.

制作过程

1. 扇贝加入蛋清、菠菜汁、色拉油搅拌均匀，制成橄榄型贝脯备用。

2. 起锅烧油，放入蒜片、葱花爆香，加少许清汤，调入盐、味精，打薄芡，放入贝脯及辅料扒制，淋入明油，大翻勺后起锅装盘，摆好造型，用装饰材料装饰即可。

制作关键

贝肉要充分搅打至上劲。贝肉制成橄榄型，外表要光滑紧致。

香煎海肠卷

主料 海肠丁 200 克，鸡蛋 4 个，五花肉末 100 克，韭菜末 50 克

调料 蚝油 5 克，酱油少许，猪油 10 克，花生油适量

曲德和

烟台市丽苑华宴餐饮有限公司厨师长

创新点

海肠卷造型整齐美观，口感鲜嫩，汤汁饱满，韭香十足，食用方便。

The sea intestine rolls are neatly presented and visually appealing, featuring a tender texture. The broth is rich and full, infused with the fragrant aroma of leek.

制作过程

1. 将鸡蛋摊成蛋饼备用。
2. 将海肠丁、肉末、韭菜末加入蚝油、酱油、猪油拌匀。
3. 将鸡蛋饼整理好形状，放入调好的馅料，卷整齐，逐个摆好备用。
4. 平底锅放入油，油热后将油倒出，放入海肠卷生坯，小火煎至两面金黄。将所有生坯做好后装盘即可。

制作关键

1. 海肠卷需要卷紧，且大小要一致。
2. 煎制时掌握好火候，以免海肠过老，影响口感。

赞词

海肠入味需香煎，
卷起金黄照九筵。
韭色葱茏镶玉带，
娇柔层叠拥华筵。

（王为才）

日进斗金

张志军

烟台市清洋大娘面馆厨师长

赞词

斗金日进水流长，
饼色香酥誉满堂。
叮嘱人生含寓意，
选材细腻换新妆。
（王为才）

主料　绿豆粉 200 克，鸡蛋黄 4 个

调料　纯净水 300 克，花生油适量，白芝麻 5 克，白糖 30 克

搭配材料（选用）　柠檬水适量

装饰材料　枸杞适量

特点

本菜品食用时需用柠檬水清口。将传统三不粘的大饼形状做成小块，这样既方便品尝又增加了仪式感。

This dish is served with lemon water to cleanse the palate. The traditional three-non-stick large flatbread is cut into smaller pieces, making it convenient to taste while also enhancing the sense of ceremony.

制作过程

1. 在鸡蛋黄中加入绿豆粉、白糖、纯净水、50 克花生油搅拌均匀。

2. 用花生油滑锅，倒出后再加入花生油，将鸡蛋黄混合液下锅炒制 40 分钟左右。出锅后将部分三不粘切成小块。在三不粘饼上撒上白芝麻、枸杞。上桌后搭配柠檬水食用即可。

制作关键

利用烹饪传统技法小火慢炒，使用墩打、旋打、推打等技法使成品柔韧、爽滑、筋道。

堂做灵芝鸡汤馄饨

主料 昆嵛山灵芝、跑山母鸡、馄饨皮各适量

配料 猪肉泥、蛋皮丝、紫菜丝、小青菜、海米、韭菜末各适量

调料 葱、姜、盐、胡椒粉、酱油、香油、香菜末、香葱末、葱末、姜末各适量

创新点

本菜品是在鲁菜名吃鸡汤馄饨的基础上进行创新制成的。将胶东昆嵛山特产的灵芝和跑山母鸡,用鲁菜炖的技法炖制 1.5 小时左右,做出的鸡汤鲜美清爽。海米馄饨肉中有汁,汁有鲜香。

This dish is an innovative creation based on the famous chicken soup wontons from Shandong cuisine. It uses local specialties, such as reishi mushrooms and free-range hens from the Kunyu Mountain in Jiaodong. It is simmered for about 1.5 hours using the traditional Shandong cooking technique, resulting in a delicious and refreshing broth. The pork wontons filled with dried shrimps are juicy, leaving a lingering aroma.

制作过程

1. 将母鸡洗净放入大砂锅中,放水、葱、姜、灵芝大火烧开,撇去浮沫,小火炖 1.5 小时,捞出灵芝和母鸡。
2. 猪肉泥加葱末、姜末、酱油、海米、韭菜末、香油搅拌均匀用馄饨皮包成馄饨生坯。
3. 将馄饨生坯下入鸡汤中煮熟,放入香葱末、香菜末、紫菜丝、蛋皮丝、小青菜,用盐、胡椒粉调味,淋香油。母鸡肉撕开,放入锅中。
4. 上桌后将灵芝盛入碗中,倒入馄饨等食物及汤,分给客人即可。

制作关键

昆嵛山灵芝和跑山母鸡用小火炖熟,加上以海米为馅制成的馄饨,营养丰富。

范庆林

烟台市天天渔港大酒店厨师长

赞词

母鸡灵宝起堂食,
炮制尊前宴坐时。
炖煮还须仪式感,
盛来汤汁恰心怡。

(王为才)

冰球鲜花椒炝爬虾肉

王乐

烟台市天天渔港大酒店厨师

主料 烟台本地活爬虾适量

调料 酱油、味精、葱丝、香菜段、鲜花椒、干辣椒丝、植物油各适量

装饰材料 冰球适量

创新点

本菜品运用鲁菜炝的技法制作而成。加入了鲜花椒使菜品更加脆嫩爽口、椒香浓郁。

This dish is prepared using the quick-steaming technique characteristic of Shandong cuisine. The addition of fresh peppercorns enhances the dish's crispness and tenderness while imparting a rich peppery aroma.

制作过程

1. 将爬虾洗净,蒸熟取肉放入碗中。
2. 爬虾肉上放葱丝、香菜段、鲜花椒、干辣椒丝。
3. 锅中入油,烧热,浇在第2步的材料上。
4. 虾肉中放入少许酱油、味精,拌匀。
5. 将拌好的菜装入容器中,用冰球点缀即可。

制作关键

爬虾取肉要完整。

赞词

爬虾入味藉花椒,
炝别光寒雪绕腰。
半隔青丝遥隐隐,
烟鬟红袖锁嶕峣。

（王为才）

圆月映绿湖

王楷

烟台市山东商贸高级技工学校教师

主料 净牙片鱼肉 400 克，蟹黄 150 克，贝丁 100 克，明虾 150 克，内脂豆腐 100 克

辅料 羊肚菌 5 克，胡萝卜蓉 40 克，菠菜汁 60 克，蛋清 50 克，金耳菌 5 克

调料 盐 15 克，白糖 2 克，水淀粉 30 克，料酒 15 克，文蛤汤 500 克，葱末 20 克，姜末 20 克，淀粉、植物油、葱姜水各适量

创新点

这道菜是以烟台特色海产品作为主料，结合传统鲁菜"白扒鱼腹"的技法改良而成的。传统做法多采用油汆，而本菜品选用文蛤汤煮来代替油汆。在组装、造型、装盘、食用方法方面也进行了改良。

As an improvement based on the technique of making traditional Shandong cuisine "Braised Fish Paste in White Sauce", this dish uses Yantai's specialty seafood as the main ingredient. Instead of the usual oil blanching method, it employs clam soup for cooking. Improvements have been made in terms of composition, presentation, dish-up and consumption.

制作过程

1. 牙片鱼肉、贝丁去除杂质，加入葱姜水、少许盐、蛋清、淀粉打成泥备用。
2. 羊肚菌、金耳菌焯水，明虾做成虾滑。
3. 油锅烧热，加入葱末、姜末爆锅，依次加入蟹黄、胡萝卜蓉、少许盐、少许白糖、少许料酒、少许水淀粉炒制成馅，放入冰箱冷藏室备用。羊肚菌中酿入虾滑备用。部分文蛤汤中加入少许盐、少许白糖、剩余的料酒，放入羊肚菌混合物、金耳菌煨至入味。鱼贝混合泥中加入蟹黄混合馅制成鱼圆，入部分文蛤汤中低温汆烫备用。
4. 内酯豆腐一片为二，用跳刀法将豆腐切成片，换转方向将豆腐片跳刀切成银针丝，切好后放入水中，保持鲜嫩。剩余的文蛤汤中加菠菜汁，制成"绿湖"，用剩余的盐、剩余的白糖调味，用剩余的水淀粉勾芡，加入银针丝搅匀，浇入盘中。汆制成熟的鱼圆放入盘中，最后放入枸杞、金耳菌、羊肚菌混合物点缀即完成。

制作关键

1. 鱼圆要低温汆烫，不能用高温否则会影响鱼圆表面的光滑程度。鱼圆调味只需要加一点儿盐。
2. 馅心在炒制时要炒至完全变干，入冰箱冷藏。
3. 切好的豆腐丝要放入清水中保持鲜嫩。
4. 勾芡时要用勺柄搅匀。

赞词

翡翠琳琅白玉汤，
一丸红缀独翱翔。
长嗟珍果煨制熟，
罐拨春醪破鼻香。

（王为才）

红烧肉烧鲍鱼

张钦友

烟台市龙口大酒店厨师

赞词

红烧肉伴鲍鱼香，
滋味还须待品尝。
一叶小舟君看起，
琳琅满目映朝阳。
（王为才）

主料 带皮五花肉 750 克，七头活鲍鱼 10 个

调料 冰糖 20 克，生抽 25 克，味极鲜酱油 25 克，味精 10 克，蔬菜根 100 克，蒜子 15 克，鱼露 3 克，料酒 50 克，纯净水 1000 克，植物油适量

装饰材料 绿叶菜、花瓣各适量

创新点

此菜品中的红烧肉选用上等三层带皮五花肉，经过先蒸后煮再蒸等工序制作而成。此菜特点是猪肉和海鲜完美结合，色泽红亮，口感软糯。红烧肉吸收了鲍鱼的鲜味，鲍鱼融入了肉的香味。

This dish features premium three-layer pork belly with skin, which undergoes a process of steaming, boiling and re-steaming. It is a perfect combination of pork and seafood, showcasing a glossy red color and a soft, sticky texture. The braised pork absorbs the fresh flavor of the abalone, which in turn takes on the aroma of the meat.

制作过程

1. 将五花肉肉皮表面的毛渣烤干净，上蒸车蒸 40 分钟至熟、定型。活鲍鱼取肉切花刀，处理干净待用。

2. 将五花肉切成 3 厘米见方的方块。将冰糖下入油锅炒糖色，下入五花肉块煸炒，炒出油脂后下入生抽、味极鲜酱油、味精、蔬菜根、鲍鱼肉，加 1000 克纯净水，煮 40 分钟后收汁至汤汁黏稠，把肉块和鲍鱼肉捞出。

3. 将肉块加入原汁再蒸 40 分钟取出。鲍鱼肉、肉块和蒸肉的汁下入锅中烧至汤汁浓稠，盛出用装饰材料装饰即可。

制作关键

1. 要选用厚度均匀的三层五花肉。
2. 每一道制作工序都要掌握好火候。

多彩故事镇

主料 贝贝南瓜 7 个，鲍鱼 7 个

辅料 羊肚菌 100 克，竹荪 100 克，长岛贝柱、精肉各适量

调料 鸡汤 500 克，葱、姜、植物油、蜂巢粉各适量

装饰材料 饼干、雕刻造型、奶油、花瓣各适量

创新点

本菜品使用了烟台当地的贝贝南瓜、长岛贝柱等食材，采用蒸、炸等烹饪手法制作而成。一菜多吃，口味不重复，口口都有新味道。

This dish uses local ingredients from Yantai, such as baby pumpkin and scallop muscle from Changdao, and is prepared using cooking techniques like steaming and frying. It offers a variety of tastes without overlapping flavors, ensuring that each bite presents a new experience.

制作过程

1. 长岛贝柱、精肉放入锅中，加葱、姜、水煨半小时。在贝贝南瓜上刻字，顶上开口备用。
2. 鲍鱼低温煮 45 分钟。
3. 萃取壶内加入羊肚菌、竹荪、鸡汤萃取出汤汁。将汤汁和精肉放入贝贝南瓜中，上蒸车蒸 25 分钟。煮好的鲍鱼加蜂巢粉炸至定型，放在蒸好的南瓜上，用装饰材料装饰即可。

制作关键

1. 选用上等新鲜羊肚菌、竹荪等作为萃取原料。
2. 鲍鱼刷净，低温煮制，时间要控制好。炸制的火候与温度要控制好。

李恩枭

烟台市鲁菜故事镇往事入烟厨师长

赞词

有凤来仪慕食材，
鲁东多彩护蓬莱。
已擎石鼓形如画，
久客相逢亦快哉。

（王兆伟）

上汤海鲜福袋

修军友

烟台市汇家欧麦餐饮有限公司行政总厨

赞词

福袋吉祥兜海鲜，
稳乘鸾凤谒诸仙。
人间天上有名录，
汤汁姚黄待席筵。
（王兆伟）

主料 虾肉 200 克，贝丁 200 克，海肠 200 克，香菇 150 克

辅料 南瓜蓉、鸡蛋清各适量，枸杞 3 克

调料 葱 50 克，姜 30 克，香菜梗 30 克，鸡汁 20 克，鲍汁 15 克，酱油 10 克，味精 3 克，胡椒粉 2 克，盐 2 克，水淀粉 20 克，高汤 800 克，花生油 15 克

创新点

本菜品选取龙口当地的海虾肉、海肠配以香菇制作而成。用鸡蛋清蛋皮做外皮，使菜品外观更漂亮。用高汤煮制，能提升菜品的口味，使营养更均衡。

This dish features local sea shrimps and fat innkeeper worms from Longkou, paired with shiitake mushrooms. Egg whites are used for the outer layer, enhancing the dish's appearance. The dish is cooked in a rich broth, which elevates its flavor and ensures a more balanced nutritional profile.

制作过程

1. 将虾肉去虾线，切丁。海肠去内脏，切段。香菇切丁。
2. 把鸡蛋清加盐、水淀粉烙成鸡蛋皮。
3. 把海鲜材料和香菇丁分别焯水至断生。
4. 锅内放入花生油烧热，加入葱、姜炝锅，加入鸡汁、鲍汁、酱油，放入虾丁、贝丁、海肠段和香菇丁炒制。放入味精、胡椒粉调味即成馅料。
5. 用蛋皮包馅，香菜梗扎口，做成福袋上屉蒸 3 分钟，取出装入碗中。
6. 锅内放入高汤，加上南瓜蓉熬制，倒入碗中，放入福袋，点缀枸杞即可。

制作关键

1. 海鲜要新鲜。
2. 虾线、海肠内脏要去除干净。
3. 蛋皮要薄。
4. 炒馅料要把握好火候，别把海肠炒老了。炒制一般不要超过 15 秒，否则会影响口感。

三鲜萝卜夹

主料 渤海湾大虾 250 克，潍坊萝卜 230 克

辅料 胡萝卜碎 20 克，水发木耳碎 20 克，蛋清适量

调料 盐 8 克，鸡精 8 克，胡椒粉 3 克，姜末 10 克，葱末 10 克，水淀粉适量

装饰材料 炸萝卜丝、花瓣各少许

李春辉

烟台市鲁菜故事镇酒店凉菜主管

创新点

此菜选用烟台本地的渤海湾大虾和潍坊萝卜制作而成。成品既突出了虾的鲜香，又突出了萝卜的清甜。

This dish features local seafood from Bohai Bay in Yantai, specifically large shrimps paired with Weifang radishes. It highlights the fresh aroma of the shrimps while showcasing the sweet crispness of the radishes.

制作过程

1. 将大虾去壳、去虾线，洗净备用。
2. 把大虾肉切丁，剁成蓉，依次加入葱末、姜末、胡萝卜碎、木耳碎，搅拌均匀。
3. 加入蛋清，继续搅拌，加入胡椒粉、盐、鸡精搅拌成馅。
4. 潍坊萝卜切成硬币大小的片，用水烫熟，捞出冲凉。
5. 将调好的馅放入萝卜片中做成萝卜夹，依次码入盘中。
6. 入蒸箱蒸 5 分钟。另起锅勾芡，淋在萝卜夹上，用装饰材料点缀即可。

制作关键

1. 搅拌虾蓉必须要顺同一个方向。
2. 蒸制时间不宜过长。

赞词

萝卜携虾裹食魂，
一时圆润尽沾恩。
大烹已搭挽弓势，
客至陶然启绿樽。

（王兆伟）

一帆风顺

孙雪珲

烟台市双塔食品股份有限公司餐饮渠道总监

赞词

龙船乘势劈波行，
满载扬帆倍觉荣。
金鼎烹炮过百味，
顺风顺水踏征程。
（王兆伟）

年年有余（鲍鱼部分）

主料　　粉丝 120 克，六头鲍鱼 12 个

调料　　植物油 80 克，蒸鱼豉油 60 克，蒜 100 克，香葱末 96 克，红椒末 60 克

金银满仓（土豆球部分）

主料　　粉丝 120 克，冷冻土豆球 280 克

调料　　植物油 1000 克，白糖 150 克

装饰材料　　雕刻造型、炸粉丝段各适量

创新点

1. 一菜两吃。土豆球和鲍鱼也可单独成菜。
2. 粉丝与鲍鱼结合，使做出的造型较为美观，且粉丝吸收鲍鱼的鲜味物质后非常鲜美。
3. 土豆球用炸的粉丝包裹，更加酥脆且不油腻。

1. This dish offers two ways to enjoy it. The potato balls and abalone can also be served as separate dishes.
2. The combination of vermicelli and abalone creates an attractive presentation, and the vermicelli becomes exceptionally delicious after absorbing the fresh flavor of the abalone.
3. The potato balls are wrapped in fried vermicelli, making them crispier and less greasy.

制作过程

制作年年有余

1. 鲍鱼肉从壳中取出，壳刷干净，切花刀。蒜切成蒜蓉。
2. 粉丝用温水泡软，剪成段。
3. 鲍鱼壳内铺上粉丝段，放上改刀的鲍鱼，放上蒜蓉用大火蒸 5 分钟即可。
4. 每个鲍鱼放适量蒸鱼豉油、适量香葱末、适量红椒末。将植物油烧到冒烟，泼在鲍鱼上。

制作金银满仓

1. 粉丝用 180℃的油炸好，捣碎。土豆球用 150℃的油炸至呈金黄色。
2. 净锅内加 150 克水和白糖炒至微微冒泡发黄，下土豆球翻炒，捞出后倒入粉丝碎上蘸匀。

装盘

　　按照图示的造型，将做好的鲍鱼和土豆球用装饰材料装饰即可。

制作关键

1. 炸蒜蓉保持微火，炸至呈微黄色。
2. 鲍鱼旺火蒸 5 分钟即可。

烟台 49

龙头双味粉丝

杨进洁

烟台市双塔食品股份有限公司厨师

国家非遗龙口粉丝制作技艺第七代传承人

赞词

龙须提味粉丝香，
煮玉食材存与藏。
江上两山犹作伴，
旌旗为首送飞觞。

（王兆伟）

黄金蛋黄粉丝

主料 粉丝 1000 克，咸蛋黄 80 克

调料 盐 5 克，香菜 10 克，红尖椒 10 克，植物油适量

干捞粉丝

主料 粉丝 100 克

调料 葱末 8 克，姜末 8 克，蒜末 10 克，盐 3 克，白糖 3 克，老抽 7 克，香菜 10 克，红尖椒 10 克，植物油适量

创新点

1. 一种主材做出两种口味。
2. 两种不同的粉丝菜品也可单独成菜。

1. One set of ingredients creates two different flavors.
2. The two different vermicelli dishes can also be served as separate dishes.

制作过程

制作黄金粉丝

1. 粉丝用凉水泡开，用水煮 8～10 分钟捞出，过凉水。
2. 咸蛋黄蒸制后切成碎末。
3. 香菜、红尖椒切成末。
4. 锅入油烧热，加入咸蛋黄末翻炒几下，再放入粉丝，加盐，放入香菜末和红椒末翻炒出锅即可。

制作干捞粉丝

1. 粉丝用凉水泡 40 分钟。香菜、红尖椒均切成末。
2. 锅内放油，放入葱末、姜末、蒜末炒香。
3. 放入粉丝，加入老抽、白糖、盐，加少许水，炒至粉丝上色均匀，大火收汁，放入香菜末和红椒末即可。

制作关键

粉丝不能泡太软，否则，做出来没有干香柔顺的口感。

富贵鲈鱼

张建光

烟台市海阳市黄金海岸大酒店餐饮部厨师长

赞词

富贵鲈鱼已起航，
载来爽滑和清香。
从今细嚼持美味，
一举何辞醉十觞。
（王兆伟）

主料 鲜鲈鱼1条，猪肉200克，白菜叶200克

辅料 土鸡蛋3个

调料 调味酱油5克，料酒10克，胡椒粉5克，鸡精5克，味精3克，葱10克，姜10克，香菜末少许，盐5克，水淀粉、普通酱油、植物油各适量

装饰材料 葱丝、红椒丝、香菜末各适量

创新点

这道菜将鲈鱼放在白菜叶卷上蒸制，能使鲈鱼保持较完美的品相。用长盘盛放鲈鱼使菜品更大气。

This dish features steamed bass placed on a bed of Chinese cabbage leaves, which helps maintain the fish's perfect presentation. Serving the bass on a long platter enhances its elegance.

制作过程

1. 将鲜鲈鱼洗净，取肉，切片，用水淀粉上浆。鱼头和鱼尾要留用。
2. 将猪肉剁成末，加入土鸡蛋、葱、姜、料酒、盐、味精、鸡精、调味酱油、胡椒粉，调匀。
3. 将白菜叶放入开水中焯水，过凉待用。
4. 把肉末包裹在白菜叶中，卷成卷，放入蒸箱中蒸8分钟。
5. 把上好浆的鲈鱼肉片分别放到蒸好的菜卷上，再放入蒸箱蒸1分钟。
6. 把鱼头和鱼尾蒸熟摆在盘子的两头，把鱼肉片和白菜肉卷放在中间，放上葱丝、红椒丝、香菜末，淋上热酱油，浇上热油即可。

制作关键

1. 使用新鲜的鲈鱼和猪肉。
2. 白菜叶卷肉后形状要统一。
3. 先把肉卷蒸熟，再放鲈鱼肉片蒸。
4. 淋热油和热酱油不可缺少。

鲜鲅鱼丸子

高京伟

烟台市黄金海岸大酒店
餐饮部总监

赞词

一尾鲜鲅做鱼丸,
慢火殷勤煨小团。
社酒瓮头双素尺,
鼎烹曾覆满珠箪。

（王兆伟）

主料 鲜鲅鱼 1 条，羊肉 150 克，鸡蛋 2 个

调料 盐 5 克，味精 3 克，鸡精 3 克，胡椒粉 3 克，葱末 10 克，姜末 10 克，香菜末 10 克，料酒 10 克，水淀粉 20 克，葱姜水 30 毫升

创新点

这道菜选用当地海鲜结合鲁菜传统技法创新而来。它用新鲜鲅鱼和羊肉作为烹饪的主要材料，突出"鲜"的滋味。成品咸鲜适口。丸子入口鲜嫩、爽滑，富有弹性。

This dish is an innovative creation that combines local seafood with traditional Shandong cuisine cooking techniques. It uses fresh Spanish mackerel and mutton as the main ingredients, highlighting the taste of "freshness". The finished product is savory and palatable. The meatballs are tender, smooth and elastic.

制作过程

1. 将新鲜的鲅鱼取肉和羊肉切成蓉。
2. 加入鸡蛋、盐、味精、鸡精、料酒、胡椒粉、葱末、姜末、水淀粉。将葱姜水分次加入肉蓉中，顺一个方向快速搅拌，直到成胶状。
3. 锅内烧水，水保持微开，将肉泥混合物挤成丸子生坯放入水中。
4. 鱼丸漂浮即成熟，撒入香菜末出锅即可。

制作关键

1. 使用新鲜鲅鱼和羊肉。
2. 一边搅拌肉泥一边加入葱姜水。
3. 要用微开的水煮丸子生坯。

渤海湾大虾烧白菜

主料 对虾、白菜片各适量

调料 虾汤、虾油、植物油、葱、姜、蒜、盐、糖各适量

装饰材料 香菜叶少许

特点

白菜的微甜，让大虾的鲜香转化为一种带有海味儿的开胃香味。虾肉弹牙，白菜脆爽。

The slight sweetness of Chinese cabbage transforms the fresh aroma of prawns into an appetizing scent with a hint of the sea. The prawns are tender and springy, while the cabbage is crisp and refreshing.

制作过程

1. 将对虾处理干净，改刀。将虾仁和虾头、虾尾用植物油煎制。
2. 虾油中放入葱、姜、蒜爆香，放入白菜片煸炒，加入虾汤和少许盐、糖。
3. 将煎好的虾仁、虾头和虾尾放入锅内和白菜片一起烧制。
4. 出锅后做好造型，用香菜叶装饰即可。

制作关键

对虾改刀前将虾脚处理干净，留虾头、虾尾备用。白菜选用菜叶并掰成大块。

刘宾

烟台市中泽华羿铂尔曼酒店行政主厨

赞词

白菜微甜烧大虾，
昔同瓷碗躐颐花。
烹尝便恐成痼念，
鲁味真淳赞可嘉。

（王兆伟）

金牌老家萝卜丸子

主料 猪肘肉 500 克，莱阳高格庄萝卜 200 克，粉条 50 克

辅料 鸡蛋液 100 克，面粉 20 克

调料 葱 10 克，姜 5 克，盐 15 克，五香粉 2 克，色拉油适量，胡椒粉 1 克，香油少许

装饰材料 绿叶菜、雕刻造型、胡萝卜片各适量

特点

这道菜选用烟台莱阳高格庄的优质水果萝卜和本地的粉条制作而成。制作采用先炸后蒸的烹饪方式。成品香味浓郁，香而不腻，口感软糯。这是一道老少皆宜的特色菜品。

This dish features premium fruit radish sourced from Gaogezhuang in Laiyang, Yantai, complemented by local vermicelli. It employs a unique cooking technique that begins with frying, followed by steaming. The result is a dish imbued with a rich aroma and robust flavor, yet light and non-greasy. Its texture is soft and slightly sticky, making it a delightful specialty that appeals to all ages.

制作过程

1. 猪肘肉剁成粒。萝卜切丝，加入 5 克盐。粉条放入凉水中泡制 30 分钟。葱、姜切成末。
2. 萝卜丝挤出水分，粉条切成 1 厘米长的段，一起放入肉粒中。
3. 加入葱末、姜末、香油、五香粉、50 克鸡蛋液、10 克盐、胡椒粉，搅拌至上劲后，做成若干丸子生坯。
4. 丸子生坯均匀裹上面粉、剩余的鸡蛋液。
5. 锅中加入色拉油，烧至六成热后，放入丸子生坯炸 2 分钟，捞出放至盘中。
6. 蒸柜上汽后，放入丸子蒸 20 分钟，取出，用装饰材料装饰即可。

制作关键

1. 应选用有肥有瘦的优质猪肘肉。
2. 搅拌肉粒混合物必须到位，以使成品筋道。
3. 丸子成品要圆润。
4. 炸制时温度要控制到位，炸制时间不宜过长。

祝俊林

烟台市名门华宴酒店有限公司行政总厨

赞词

老家萝卜捏成丸，
福寿延年入露盘。
绿托微黄云片段，
烹鲜味胜足三餐。

（王兆伟）

"'参'入烟台 福寿常在"之天下第一福

包淑圣

烟台市鲁菜研究所副所长

主料 优质活海参 250 克，干鲍鱼 300 克，大虾 200 克，墨鱼 200 克，火腿 100 克，青菜 100 克，金橘南瓜 100 克，北方银耳 200 克

调料 海肠粉 25 克，味极鲜酱油 5 克，蚝油 10 克，鲍汁 25 克，藏红花汁 50 克，高汤 500 克，水淀粉 50 克，复合葱油 5 克，盐适量

创新点

此菜品是胶东道家文化、海洋文化与中华传统福文化融合的代表作品。活海参经"手拉"技艺制作后，再切成丝，丝长达 2 米。干鲍鱼用高汤煨制，味道鲜美。高汤配藏红花汁，营养更丰富。

This dish is a representative work of the fusion of Jiaodong Taoist culture, marine culture, and the excellent traditions of Chinese culture. The live sea cucumber is prepared using the "hand-pulling" technique, resulting in strands that are up to two meters long. Fresh abalone is made into dried abalone, which is then braised using a rich broth, enhancing its delicious flavor. The broth is complemented with saffron juice, adding even more nutritional value.

制作过程

1. 将活海参经"手拉"技艺制作后切丝。干鲍鱼用高压锅制熟，切片。大虾取肉，去虾线，改刀，用盐腌入味，氽熟。墨鱼取肉，用高压锅制熟，切长片。火腿切波浪纹花刀片。银耳熬制后铺入容器底。金橘南瓜刻上"福"字。青菜做成喜鹊造型。
2. 锅中放入葱油之外的调料，将处理好的除银耳外的主料投入汤汁中煨制 30 分钟，捞出后，按照图示造型装入容器中。
3. 锅内汤汁熬至浓稠后淋入葱油，浇于主料上即可。

制作关键

1. 选料要考究。
2. 用渤海湾特产活海参经"手拉"后切成丝，比较考验厨师技术。

赞词

事业欣欣福寿长，
八仙过海泛行舫。
问禅时到清风瓮，
藏有厨家新秘方。

（张念军）

烟台 57

银丝海参花

谭国帅

烟台市山东鲁花集团有限公司餐饮技术总监

赞词

入汤入味绕菌菇，
风色今朝行大厨。
拂面婆娑鲜五味，
新醅庖艺咀芳脾。

（王兆伟）

主料 海参花 120 克，内脂豆腐 280 克

配料 老母鸡 1200 克，鸡脯肉 300 克，香菇 150 克，杏鲍菇 220 克

调料 料酒 30 克，盐 6 克，胡椒粉 0.5 克，生粉 26 克，香葱末 20 克

创新点

此菜品选用烟台长岛的海参花，加入吊制的高级清汤制作而成。海参花的鲜香和菌香搭配得相得益彰，味道层次丰富。

This dish uses sea cucumber flowers from Changdao, Yantai, and is prepared with a high-quality clear broth made through the diaotang (refined soup) method. The fresh aroma of the sea cucumber flowers and the umami flavor of the mushrooms complement each other perfectly, resulting in a dish with rich layers of tastes.

制作过程

1. 将老母鸡制成鸡汤。鸡脯肉制成鸡蓉。鸡汤中加入香菇、鸡蓉和杏鲍菇吊制成清汤。
2. 海参花焯水，捞出后放入水中浸泡。
3. 内脂豆腐切成银丝，放入水中浸泡。
4. 将清汤和海参花、豆腐丝一起炖制，用料酒、盐、胡椒粉调味，勾芡，装入碗中，加入香葱末即可。

制作关键

内脂豆腐切丝要精细。

五色香米捞鲍鱼

主料 优质东北香米 1000 克，鲍鱼、韭菜、五花肉、黑米各适量

辅料 南瓜汁 200 克，火龙果汁 200 克，有机菠菜汁 200 克

调料 味极鲜酱油 20 克，蚝油 20 克，味精 10 克，盐 5 克，花生油适量

张伟光

烟台市金沙滩喜来登度假酒店热菜厨师长

创新点

整道菜品外观生动活泼，五彩斑斓。黄米、红米、绿米由东北优质香米混合南瓜汁、火龙果汁、有机菠菜汁调色炒制而成。黑米是来自黄河以北的黑米，口感绵软细腻。最后加上鲍鱼，预示"花开富贵"之意。

The entire dish has a lively, vibrant and colorful appearance. The yellow rice, red rice and green rice are made by mixing high-quality fragrant rice from Northeast China with pumpkin juice, dragon fruit juice and organic spinach juice for coloring and stir-frying. The black rice comes from north of the Yellow River and has a soft and delicate texture. Finally, the addition of abalones symbolizes the auspicious meaning of "prosperity and wealth".

制作过程

1. 将东北香米加水蒸熟备用，黑米加水蒸熟备用。
2. 将东北香米炒香，分成 4 份，其中 3 份依次加入南瓜汁、菠菜汁、龙果汁，将 4 种颜色的米分别炒制。黑米炒香。将 5 种颜色的米用心形模具做造型，依次摆入盘中。
3. 将鲍鱼煮熟取肉，韭菜切成末，五花肉切末。
4. 锅中加水，把鲍鱼烫一下。另起锅，锅中加入花生油烧热后加入五花肉末炒香，加入味极鲜酱油、蚝油，加入鲍鱼炒香，加韭菜末、盐、味精，翻炒出锅，放进盛器中和五彩香米一起摆盘即可。

制作关键

原料要新鲜。选用肥瘦相间的五花肉。鲍鱼选用烟台本地长岛鲍鱼。鲍鱼在锅中快速翻炒后出锅。

赞词

五色米围鲜鲍身，
旺火爆炒一年春。
烹香尚有斋盐味，
消得新材脍炙人。

（郝大军）

烟台鲍鱼酥

谭国帅

烟台市山东鲁花集团有限公司餐饮技术总监

赞词

盘纹九孔鲍鱼酥，
山海仙家境泽乎。
遍洒珠玑陪缓带，
鲜馨兰膳慕庖厨。

（孔德和）

主料　水油面材料：低筋面粉 200 克，纯净水 125 克，起酥油 8 克，南瓜泥 80 克，胡萝卜泥 80 克

干油面材料：低筋面粉 300 克，起酥油 130 克，黄油 20 克

馅心材料：烟台长岛盘纹九孔鲍鱼碎 120 克，莲蓉 160 克

调料　植物油适量

装饰材料　鲍鱼壳、雕刻造型、绿叶菜、水果各适量

创新点

此面点运用千层酥面团制作而成。工艺精益求精，造型栩栩如生。

This pastry is made with a multi-layer flaky dough. Its craftsmanship is meticulous, and its shape is lifelike.

制作过程

1. 将水油面材料和干油面材料分别制成水油面团和干油面团。
2. 将干油面团擀成长 20 厘米、宽 15 厘米的面片，水油面团擀成干油面片的 2 倍大。
3. 水油面片包入干油面片擀制，叠成四层，再擀制，叠成三层，继续擀制，切片，叠加，冷冻。
4. 切成 0.3 厘米厚的薄片并擀制，包入适量鲍鱼碎和莲蓉，做成月牙形对折，修成鲍鱼形。将鲍鱼酥生坯依次做好。
5. 油加热到 180℃时放入鲍鱼酥生坯炸至表层酥脆，捞出沥油装盘，用装饰材料装饰即可。

制作关键

1. 包酥和开酥工艺要掌握好。
2. 加入黄油做成的成品口感好，而且可以防止干裂。

酱焖渤海湾大刀鱼

主料 渤海大刀鱼 1200 克

调料 黄豆酱 50 克，味精 20 克，盐 10 克，白糖 10 克，葱 100 克，花生油 100 克，八角、姜、干辣椒、料酒各适量

装饰材料 香菜段、葱丝、红椒丝各适量

创新点

这道菜品外观大气亮眼，有"一帆顺风、万事顺遂"的美好寓意。刀鱼肉质细嫩，菜品颜色金黄靓丽，酱香浓郁。

This dish has a striking and impressive appearance, with the auspicious meaning of "smooth sailing and success in everything". The knifefish has a tender texture, and the dish is golden and vibrant in color, with a rich sauce aroma.

制作过程

1. 将大刀鱼去鳃，去内脏，洗净。
2. 锅内加入花生油，加入八角、葱、姜、干辣椒炒香，加黄豆酱煸炒，烹适量料酒。
3. 加 1200 克水，加入盐、味精、白糖，放入大刀鱼，慢火焖制 25 分钟左右，出锅切成段，用装饰材料装饰即可。

制作关键

使用本地新鲜大刀鱼。黄豆酱选用豆香浓郁的。

杜玉峰

烟台市金沙滩喜来登度假酒店厨师长

赞词

家常酱焖大刀鱼，
渤海食材盈有余。
香菜葱花煨细腻，
盘中啖食卷还舒。

（刘文来）

陈香九制烧牛肉

罗长军

济南市凯瑞商业集团领秀城贵满楼厨师长

赞词

肉嫩黑牛文火煨,
盘中三酱醉新醅。
虽如炭炙多留韵,
此味还期上榜魁。

（孙泽民）

主料 牛小排肉 450 克

调料 桂皮 2.5 克，陈皮 1.5 克，香叶 1 克，冰糖 100 克，生抽 40 克，老抽 15 克，味精 3 克，高汤 200 克，葱 50 克，姜 50 克，鸡粉、八角、植物油各适量

装饰材料 绿叶菜、花朵各适量

创新点

本菜品选用山东黑牛肉，慢火煨制而成。肉质鲜嫩，齿颊留香。

This dish is made by slow-braising Shandong black beef. The meat is tender and juicy, leaving a lingering aroma in the mouth.

制作过程

1. 把牛肉改刀成长 4 厘米、厚 3 厘米的块。八角用水泡一下。
2. 不粘锅中放入油烧热，放入牛肉块煎至三成熟。
3. 另起锅烧油，放入葱、姜煸香，加牛肉块翻炒，加高汤，再加入冰糖之外的其他调料，倒入吊桶中，放在煲仔炉上炖 40 分钟。
4. 另起锅烧油，加入煮牛肉的原汁和牛肉块，加冰糖，用小火熬至浓稠，出锅，摆盘装饰即可。

制作关键

八角要泡水，以免做出的牛肉发苦。

芋藕莲蓬

主料 黄花鱼 300 克，孤芋 100 克
辅料 豌豆 10 克
调料 盐 5 克，清汤适量，料酒 3 克，姜汁 6 克

栾凤鑫

济南市山东技师学院餐饮专职教师

创新点

成菜外形美观，造型别致，有着"佳偶连成、招财纳福"的美好寓意。"莲蓬"选用渤海湾产的黄花鱼，取净肉制成鱼蓉蒸制而成，"莲藕"由山东莱阳孤芋雕刻而成，搭配高级清汤口感嫩滑，滋味鲜醇，清新淡雅。

With its attractive appearance and unique shape, this finished dish beautifully conveys the auspicious meaning of "a happy couple and good fortune". The intricate lotus pod pattern is crafted from steamed minced yellow croaker sourced from the Bohai Bay, known for its delicate flavor and quality. The lotus root pattern is carved from taro grown in Laiyang, Shandong, and paired with a high-quality clear broth, it boasts a tender and smooth texture and a fresh, delicate flavor.

制作过程

1. 将黄花鱼剔除鱼皮和骨刺，取净肉斩细，搅拌至上劲，加入盐、料酒、姜汁调成鱼蓉，装入莲蓬模具中放上豌豆点缀，上笼蒸 5 分钟。
2. 将孤芋雕刻成莲藕形状，加入清汤上笼蒸制 6 分钟取出。
3. 将"莲蓬"放入碗中，加入鸡汤，和"莲藕"一起放入盘中，做好造型即可。

制作关键

调制鱼蓉要剔除鱼皮和碎刺，沿一个方向搅拌至上劲。

赞词

芋藕莲蓬宴绝伦，
招财纳福共阳春。
鲜醇滋味清新色，
何幸佳肴献至亲。

（刘文来）

手打黑金墨鱼狮子头

靳玉杰

济南市索菲特银座大饭店
炒锅厨师

赞词

墨鱼汁肉意如何，
狮子头中芡糯多。
恍似黑金来打底，
晶莹剔透笑呵呵。

（孙泽民）

主料 莱芜黑猪去皮五花肉 500 克，墨鱼肉粒 100 克

辅料 咸蛋黄适量，藕丁 40 克，糯米 250 克，鸡蛋 1 个

调料 墨鱼汁 10 克，栗粉 3 克，烧汁 50 克，胡椒粉 1 克，葱姜水 50 克，白糖 30 克，蒸鱼豉油 50 克，盐 2 克，鸡精 6 克，料酒 20 克，香葱、姜片、干葱头、植物油、黑胡椒碎适量

装饰材料 绿叶菜适量

创新点

这款菜品以传统狮子头的制作工艺，结合淮扬菜的蟹黄狮子头的手法进行创新。墨鱼汁和墨鱼肉在狮子头里完美融合。肉香和海鲜味的碰撞，使菜品味道更加丰富。香糯的咸蛋黄，让成品的颜色、口感和味道更具层次感。

This dish innovates upon the traditional "Lion's Head Meatball" by incorporating techniques from the Huaiyang cuisine version featuring crab roe. Squid ink and squid meat are perfectly blended into the lion's head meatballs. The collision of meat aroma and seafood flavors makes the dish more complex and richer. The fragrant and sticky salted egg yolk adds depth to the color, texture and taste of the final product.

制作过程

1. 去皮五花肉切成肉丁。肉丁、糯米、藕丁和墨鱼肉粒放入盆中，加入葱姜水、鸡蛋、盐、胡椒粉、栗粉、墨鱼汁混合，搅拌均匀，摔打至上劲。手上抹点儿油，放上肉丁混合物，中间加入一颗咸蛋黄，搓成球。
2. 起锅烧油，油温五成热时放入肉球，炸至定型，捞出待用。
3. 另起锅烧油，加入香葱、姜片、干葱头煸炒出香味，加入烧汁、白糖、蒸鱼豉油、鸡精、料酒、黑胡椒碎，加入清水（尽量淹没食材），放入炸好的肉球，用小火煮 40 分钟，最后用大火收汁，用装饰材料装饰即可。

制作关键

1. 制作狮子头时，使用肥瘦相间的五花肉。
2. 食材要新鲜，各种材料刀工要精细，食材比例要精准。
3. 炸制肉球时油温不宜过高。
3. 做狮子头汤汁时，一定先用油把香葱、干葱头、姜煸炒出香味。

万象更新

主料 优质面粉 1000 克，胡萝卜汁 200 克，南瓜汁 200 克，菠菜汁 200 克
辅料 板栗 50 克，炼乳 50 克，无花果（泡好）20 克
调料 白糖 20 克，蜂蜜 10 克，酵母、泡打粉各适量

创新点

整道菜品外观活灵活现。口感绵软细腻，味道清新香甜。

With a vivid and lively appearance, this dish features a soft and delicate texture, offering a fresh and sweet flavor.

制作过程

1. 将面粉分成若干份，分别与酵母、泡打粉、少许白糖、胡萝卜汁、南瓜汁、菠菜汁充分混合，和成面团，下剂备用。
2. 将板栗蒸熟，加泡好的无花果、炼乳、剩余的白糖混合搅拌均匀，做成馅料，放凉备用。
3. 用传统面塑手法将面团和馅料做成农产品的形状，醒发。
4. 上屉蒸熟。用蜂蜜把各种面食粘好，之后再蒸三四分钟，摆盘即可。

制作关键

1. 蔬菜汁和面粉的比例掌握好。
2. 塑形的时候将细节把控好。
3. 醒发的时间别太长。

安相明

济南市凯瑞商业集团泉客厅厨务总监助理

赞词

瓜果丰收一筐箩，
千红万紫尽婆娑。
食材拿捏细微处，
最是香浓来客多。
（孙泽民）

"参"情拥"鲍"

禚洪奎

济南市华滨环联大酒店行政总厨

赞词

典尽风霜宴八珍，
"参"情拥"鲍"献来宾。
泉城鼎食初留味，
几盏茶香透着春。
（孙泽民）

主料 海参1只（约500克），鲜活4头鲍鱼8只，虾胶300克

调料 蚝油40克，鲍鱼汁30克，普通酱油20克，老抽40克，鸡粉10克，白糖15克，高汤600克，植物油、盐各适量，大葱段250克

装饰材料 花瓣少许

创新点

这道菜结合分子料理技术对传统鲁菜进行改良。它能使食客在品尝美味的同时品味现代料理技术的魅力。

This dish is a modern twist on traditional Shandong cuisine in combination of molecular gastronomy. It allows diners to savor delicacies while appreciating the charm of modern cooking technique.

制作过程

1. 鲍鱼加盐去除黏膜，清洗干净，入高汤用小火煲制1.5小时。海参发制好，去除内脏，用入味发制的方法制作。
2. 油锅烧热，入大葱段，炸至呈金黄色。另起锅，放入蚝油、鲍鱼汁、酱油、老抽、鸡粉、白糖、少许盐制成葱烧汁，依次下入鲍鱼、海参、大葱段烧制15分钟。
3. 出锅装入容器中，取部分炖海鲜的汤汁做成胶囊状。将汤汁胶囊插在海参上，用花瓣装饰即可。

制作关键

煲制鲍鱼一定要用小火，否则鲍鱼会爆裂，影响美观。

雪野鲲鹏

黄震

济南市金鼎酒店管理有限公司雪野湖假日酒店行政总厨

主料 雪野湖大花鲢鱼 6000 克

辅料 香菇 30 克，西蓝花 10 克

调料 发酵的黑蒜 50 克，花生油适量，猪膘油 100 克，黄豆酱 50 克，辣酱 50 克，酱油 30 克，花雕酒 20 克，盐 5 克，鸡精 5 克，白糖 10 克，高汤 2000 克，葱 10 克，姜 10 克，花椒 5 克，八角 3 克，白芷 2 克

装饰材料 笋片、火腿片、黑蒜各适量

创新点

本菜品加入发酵的莱芜独头黑蒜，给菜品增加了独特的香甜味。

This addition of fermented Laiwu single head black garlic adds a unique sweet and aromatic flavor to the dish.

制作过程

1. 花鲢鱼打上一字花刀，入六成热油中炸透，捞出控油。
2. 锅烧热，放入花生油烧热，放入葱、姜、花椒、八角、白芷炒香。放入猪膘油，烧热，再放入黄豆酱、辣酱、花雕酒、酱油、鸡精、白糖、高汤、发酵的黑蒜、香菇、西蓝花，放入炸好的花鲢鱼炖 30 分钟，加盐，炖至汤汁浓稠，装盘，用装饰材料装饰即可。

制作关键

1. 选用雪野湖花鲢鱼。
2. 鱼一定要炸透。烧的时间最少要半小时，烧出来口感才好。

赞词

花鲢炸透一条鱼，
黑蒜提香老圃蔬。
汤汁浓稠凭釜煮，
玉盘那得鲙相如。

（孙泽民）

鲍鱼红烧肉

林守庆

济南市新东方技工学校教师

赞词

口味咸鲜色泽红，
鲍鱼烧肉出山东。
八方来客皆称赞，
相映相辉顾盼中。
（何大伟）

主料 黑猪带皮五花肉 750 克，鲍鱼（改刀）8 只

辅料 红曲米 100 克

调料 葱 300 克，姜 50 克，桂花酱 50 克，黄酒 20 克，十三香 5 克，冰糖 20 克，胡椒粉 3 克，盐 5 克，味精 3 克，八角 3 个，白芷 2 克，香叶 4 片，花椒 2 克，桂皮 8 克，小茴香 2 克，蚝油 15 克，姜片、高汤、植物油适量

装饰材料 花瓣、水果小球、绿叶菜各适量

创新点

本菜品在红烧肉的基础上加上了渤海的鲍鱼，从味道到选料都体现了山东鲁菜的特点。

Based on red-braised pork, this dish incorporates Bohai abalone, highlighting the distinctive characteristics of Shandong cuisine through both its ingredients and flavor.

制作过程

1. 将带皮五花肉放入油锅中煎至呈金黄色，加水煮至断生。
2. 将五花肉切成块，打上花刀。八角、白芷、香叶、花椒、桂皮、小茴香做成料包。
3. 锅内加油，放入少许葱和姜炒香，加入蚝油、黄酒、高汤烧开，放入猪肉块，放入料包，煮至上色。将五花肉块捞出。
4. 另起锅，锅内加油，烧到七成热，下入五花肉块炸至上色捞出。
5. 取砂锅，用剩余的葱和姜片垫底，放入肉块，加入煮肉锅中的汤汁，加入剩余的调料，小火加热 30 分钟，将肉取出，放入锅中，加入改好刀的鲍鱼，煮熟，收汁放入容器中，用装饰材料装饰即可。

制作关键

1. 选择带皮的五花肉，鲍鱼选择新鲜的。
2. 炸制时掌握好油温。
3. 小火慢煮，火候足时它自美。
4. 烹调方法是红烧，烧制时间由肉的老嫩程度决定，嫩肉烧 30 分钟，老的肉烧 60 分钟。

玉米虾圆

吴建国

济南市秦琼龙抄手餐饮管理有限公司总经理

赞词

步步高升寓意丰，
一秋景象付厨功。
虾圆玉润叠层起，
赞在黄金食客中。
（何大伟）

主料 虾仁 600 克，鸡脯肉 200 克，鲜玉米段 300 克，蛋清 30 克

调料 盐 3 克，姜末 10 克，淀粉适量

装饰材料 鱼子少许

创新点

整道菜品造型美观大方。这道菜品象征果实丰收的喜悦。

With an elegant presentation, this dish symbolizes the joy of a bountiful harvest.

制作过程

1. 将虾仁的沙线去掉。将鸡脯肉抽出筋后冲洗干净，加入蛋清、虾仁打成蓉。
2. 取出打好的虾蓉混合物，加入所有调料搅拌均匀。将搅好的虾蓉混合物团成球。
3. 将玉米段和虾蓉团生坯上蒸车蒸制 10 分钟。
4. 最后将蒸好的玉米段、虾蓉团分别摆盘。虾蓉团上放上鱼子。用蒸玉米的原汁勾芡，淋在玉米段上即可。

制作关键

蒸车提前打开加热至上汽，再把虾蓉团放入蒸车蒸制 10 分钟后取出。

菌香鱼头泡饼

主料 花鲢鱼头 1500 克，葱油饼 300 克

辅料 杏鲍菇 60 克，鲜金针菇 60 克

调料 甜面酱、高汤、花生油各适量，猪油 30 克，葱油 30 克，米醋 50 克，蚝油 30 克，酱油 20 克，醪糟 30 克，白酒 20 克，鸡粉 10 克，冰糖 8 克，盐 5 克，干辣椒 6 克，花椒 5 克，八角 5 克，葱、姜共 10 克

装饰材料 红尖椒、葱各适量

创新点

普通的鱼头泡饼一般不使用菌菇提香。此菜在炖制鱼头时加入了菌菇使汤汁更加鲜美、营养更加丰富。

Ordinary fish head soup with pancakes typically does not use mushrooms for flavor enhancement. In this dish, mushrooms are added while stewing the fish head, making the broth more delicious and the nutrition more abundant.

制作过程

1. 将杏鲍菇切成 0.5 厘米厚的片，鲜金针菇切成寸段，两者入油锅炸至呈金黄色捞出。
2. 将花鲢鱼头改刀，加少许葱、少许姜、白酒、盐腌制入味。
3. 锅中加入花生油、猪油，放入剩余的葱、剩余的姜、八角、花椒、干辣椒煸香，放入甜面酱炒香，烹入米醋，加入高汤，放入鱼头，把葱油外的其他剩余的调料依次加入，用小火炖制 1 小时，收汁，淋葱油，装盘，用装饰材料装饰。把切好的葱油饼摆入盘边即可。

制作关键

1. 菌菇炸至呈金黄色即可。
2. 葱油饼用一半发面、一半烫面制作最佳。
3. 鱼头必须新鲜，在制作时要炒酱烹醋，开锅后用小火炖制最佳，出锅前一定要淋入葱油。

孙宏廷

济南市长田实业有限公司厨师长

赞词

菌菇汤汁烧鱼头，
佐味花鲢大火收。
香饼平铺来围边，
箸停食足两悠悠。

（何大伟）

墨金豆腐箱

朱吉光

济南市凯瑞商业集团泉客厅
炒锅

赞词

墨金豆腐制成箱，
虾酱封存储汁汤。
大补十全酱点缀，
一羹一箸一行藏。

（何大伟）

主料 黑豆 500 克，黑芝麻 100 克，鸡蛋 300 克，墨鱼糊适量

调料 大对虾炸酱 100 克，大葱 50 克，味精 3 克，植物油适量

装饰材料 螺丝椒酱、松针、对虾酱各适量

创新点

这道菜的灵感来自鲁菜博山豆腐箱。它采用泰安黑豆和济南南部山区黑芝麻做成的纯手工黑豆腐，加入胶东大对虾酱，外面挂一层墨鱼糊制作而成。点缀的是枣庄皱皮椒制作的青椒酱。

This dish is inspired by the "Boshan Tofu Box" from Shandong cuisine. It features handmade black tofu made from Tai'an black beans and black sesame from the southern mountainous region of Jinan, combined with a sauce made from large Jiaodong prawns, and is coated with a layer of cuttlefish paste. It is garnished with green pepper sauce made from Zaozhuang wrinkled peppers.

制作过程

1. 将黑豆和黑芝麻加入水打成豆浆，过滤出豆腐渣。
2. 将放凉后的豆浆加入鸡蛋液搅拌均匀，蒸40 分钟至成型，即成黑豆腐。
3. 将黑豆腐改刀成 3.5 厘米厚、2 厘米宽的块，用热油炸至表面微硬，开盖放入大对虾炸酱，抹上墨鱼糊，再炸至表面黑亮。
4. 将松针铺在盘上，放黑豆腐块，表层放螺丝椒酱和对虾酱即可。

制作关键

掌握好炸制的火候。

花开富贵牡丹虾

杨超

济南索菲特银座大饭店
中餐部门厨师长

- **主料** 海捕虾 500 克
- **辅料** 百香果 50 克，青萝卜 50 克，胡萝卜 50 克，烘焙珍珠糖 20 克，红菜头汁 50 克，鲜香菇顶 80 克，橙汁 50 克，鸡脯肉 50 克，茭白 100 克
- **调料** 白糖 100 克，蜂蜜 50 克，安歌红糖水 100 克，白醋 30 克，盐 3 克，脆炸粉 50 克，野山椒 10 克，植物油、水淀粉各适量

创新点

本菜品在传统鲁菜牡丹虾球的基础上进行了改良。把传统牡丹虾球的咸鲜味做成了百香果味，成品口味酸甜。虾搭配酸辣口味的茭白和咸鲜口味的金钱香菇，使营养更加均衡，口味层层递进，层次分明。成菜的造型更加美观大方，寓意富贵吉祥。

This dish is an enhanced interpretation of the traditional Shandong cuisine known as "Peony Shrimp Balls". The classic savory flavor has been reimagined with a sweet and sour passion fruit essence. The shrimp is complemented by the tangy and spicy notes of water bamboo, along with the umami of golden needle mushrooms, resulting in a more balanced nutritional profile and a multiple flavor experience. The presentation of the finished dish is more elegant and refined, symbolizing wealth and good fortune.

制作过程

1. 茭白去皮切长片，加安歌红糖水、红菜头汁、少许白糖、少许白醋、野山椒腌渍至上色、入味，卷成玫瑰花状。部分青萝卜改刀成金钱状。
2. 鸡脯肉打成泥，酿入鲜香菇顶中，嵌入青萝卜钱片，上笼蒸熟，浇上芡汁。
3. 百香果加橙汁、剩余的白醋、剩余的白糖、蜂蜜熬制成百香果混合汁。
4. 海捕虾取虾仁，打牡丹花刀，加盐腌渍，拍脆炸粉，炸至呈金黄色，加百香果混合汁炒匀。
5. 剩余的青萝卜和胡萝卜雕刻好造型。将制作好的食材装盘，撒烘焙珍珠糖即可。

制作关键

1. 海捕虾选择大一点儿的，且要使用新鲜的。
2. 牡丹花刀要深一点儿，做出来的成品形状好看。
3. 百香果混合汁的口味把控好，做到酸甜适中。

赞词

花开富贵牡丹虾，
口味酸甜层次佳。
品食堪为颜腐饭，
只知此处是生涯。

（何大伟）

低温慢火黑醋红烧肉

卓增伟

济南市希尔顿欢朋酒店
中厨房炒锅

赞词

低温慢火醋红烧,
香软真堪玉箸挑。
此味革瓢同鼎食,
不妨洽饮共相邀。
（何大伟）

主料	带皮夹层五花肉（猪后臀尖部位）1000 克
辅料	话梅 500 克，苹果 10 克，梨 10 克，西瓜 10 克，
材料 A	桂花粉 1 克，香葱 1 克，青尖椒 5 克，葱、姜共 10 克，大蒜 30 克，香菜 5 克，冰糖 80 克，酱油 80 克，花雕酒 120 克，蜂蜜 80 克，老抽 5 克，红曲米 30 克，啤酒 300 克，八角 2 克，桂皮 2 克，香叶 2 克，陈皮 2 克，白芷 2 克，碎冰块、植物油各适量
材料 B	黑醋 250 克，玫瑰露 160 克，白兰地 170 克，老抽 15 克，生抽 250 克，话梅 15 克，冰糖 500 克，八角 2 克，桂皮 3 克，陈皮 10 克，葱 20 克，姜 20 克，清水 165 克，苹果醋 100 克
装饰材料	桂花、花朵、桂花粉、绿叶各适量

创新点

这道菜是在传统鲁菜的基础上选用莱芜黑猪肉，在煮制过程中加入水果制成的。水果能减轻红烧肉的油腻感，增加肉质的果香味。自制"黑醋汁"在收汁过程中可以去腥解腻，使红烧肉口感肥而不腻、入口微酸带甜。这是一款老少皆宜的菜品。

Based on traditional Shandong cuisine, this dish is made using Laiwu black pork, with fruit added during the cooking process. The fruit helps to reduce the greasiness of the braised pork and enhances its fruity aroma. The homemade "black vinegar sauce" helps to eliminate any fishy taste and greasiness during the reduction process, resulting in a dish that is rich yet not overly greasy, with a slight acidity and sweetness. This is a dish suitable for all ages.

制作过程

1. 将带皮五花肉清洗干净，平放在托盘中，加入材料 A 中的葱、姜、花雕酒蒸 25 分钟，拿出来用喷枪喷一下猪皮，再改刀成 3.5 厘米左右见方的块。
2. 准备一盆材料 A 中的碎冰块。把改好刀的红烧肉块下入六成热的油（材料 A 中的油）中炸至呈金黄色，捞出放入冰盆中稍凉。
3. 起锅，用油滑锅，再加入油（材料 A 中的油），加入材料 A 中的冰糖，熬糖色，倒入高压锅中。
4. 把材料 A 里的固体材料用料包包起，和调料 A 里的剩余的材料一起倒入高压锅内，加入肉块、水果煮 60 分钟。
5. 把材料 B 倒入小不锈钢桶内熬 50 分钟，即成黑醋汁。
6. 把煮好的红烧肉块挑出来，放入蒸肉的汤中。蒸肉的汤和肉用不粘锅收汁，烹入黑醋汁，收至汤汁裹在红烧肉上即可出锅装盘，把剩余汤汁倒入摆好的红烧肉块上面，撒上一点儿桂花粉，放上其他装饰材料即可。

制作关键

1. 选猪后臀尖夹层五花肉。
2. 红烧肉炸后放入冰盆里面稍凉，使肉皮吃起来更软烂，口感细腻，更能达到肥而不腻的效果。
3. 自制黑醋汁不能放太早。

黑椒芦笋煎鲈鱼

张彦

济南市将军春天物业管理有限公司厨师长

赞词

剔骨鲈鱼最易煎，
黑椒芦笋斗咸鲜。
相逢百合铺榴籽，
厨供香酥食馔编。
（何大伟）

主料 活鲈鱼 300 克

配料 鲜百合 20 克，芦笋 100 克，鸡蛋 1 个

调料 黄油 20 克，料酒 10 克，花椒 5 粒，盐 5 克，白糖 5 克，黑胡椒碎 1 克，香葱 10 克，姜 10 克，水淀粉、植物油各适量

装饰材料 芦笋段、石榴籽、菊花各适量

创新点

鲈鱼煎制可减轻油腻感，与芦笋搭配，相得益彰。

Pan-frying the bass helps avoid greasiness, and its pairing with asparagus complements each other.

制作过程

1. 活鲈鱼去骨、头、尾，切成 2 厘米见方的块。容器中放入水，放料酒、花椒、少许香葱、少许姜、鱼块泡至去除腥味。芦笋切段，鲜百合清理后备用。
2. 鱼块捞出吸干水分，用黄油煎至呈浅黄色，捞出控油。
3. 用植物油将剩余的香葱、剩余的姜煸出香味，依次加入鱼块、黑胡椒碎、芦笋段、鲜百合、盐、白糖翻炒均匀，勾薄芡，淋明油。装盘后用装饰材料装饰即可。

制作关键

小火慢煎，以保证肉质酥嫩。

芥味富贵石榴虾

主料 胶东对虾适量

辅料 菏泽鸡毛山药丁、寿光有机玉米粒、沂蒙山土鸡蛋、柠檬片各适量

调料 沙拉酱、辣根、盐、白葡萄酒、香菜梗、植物油各适量

装饰材料 蛋挞壳、雕刻造型、石榴籽各适量

创新点

此菜是在传统鲁菜盐水大虾的基础上借鉴西餐技法及原料创新制作而成的。

This dish is created by innovatively incorporating Western cooking techniques and ingredients into the traditional Shandong cuisine of "Prawns Boilded in Saltwater".

制作过程

1. 将对虾去头，剥壳，留尾，开背，去沙线，用盐、柠檬片、白葡萄酒腌制。土鸡蛋用油煎制成蛋饼。
2. 将山药丁和玉米粒焯水。
3. 将香菜梗焯水。
4. 将腌制好的对虾汆水。
5. 将对虾、山药丁、玉米粒用蛋饼包裹，用香菜梗扎口做成石榴形，然后放入蒸箱蒸制5分钟。
6. 用装饰材料装饰。可搭配沙拉酱和辣根食用。

制作关键

1. 对虾改刀后腌的味要淡。
2. 材料焯水的时间不宜过长。
3. 蛋饼包裹虾球成型后蒸制时间控制在5分钟内。

刘峰

济南市将军春天物业管理有限公司厨师长

赞词

蛋饼包虾芥味浓，
高材今复继前踪。
论羹未愧莼千里，
有凤来仪不改容。

（何大伟）

茄汁菠萝虾

刘浩学

青岛市幼儿师范高等专科学校教师

赞词

菠萝茄汁蘸虾盘，
席上芳华未许残。
翦翦风轻还刻画，
清新酿制小龙团。

（王兆伟）

主料	虾仁 300 克
辅料	肥膘 60 克，蟹黄 15 克，馒头片 80 克，芥蓝 40 克，油菜心 40 克，心里美片适量
调料	盐 8 克，番茄汁 70 克，白糖 35 克，白醋 25 克，生粉 20 克，料酒 8 克，鸡精 10 克，胡椒粉 5 克，葱姜水、植物油各适量

创新点

本菜品在传统的炸虾球的基础上，增加了复合口味。将其做成立体的造型，使其更为美观。红润的茄汁和雕刻的蔬菜搭配相得益彰。

This dish builds upon the traditional "Fried Shrimp Balls" by incorporating a complex flavor profile. It is crafted into a three-dimensional shape for enhanced visual appeal. The vibrant red tomato sauce complements the intricately carved vegetables.

制作过程

1. 将虾仁制成泥，加入适量葱姜水和盐、料酒备用。
2. 馒头片采用直刀推挤的方式改刀。
3. 芥蓝、油菜心分别改刀成菠萝把和花朵形状。
4. 将调制好的虾泥酿入蟹黄中，再放在馒头片中，采用卷的方法制成菠萝形状。
5. 锅中加入油，烧至四成热时下入"菠萝"炸熟。
6. 另起锅将改刀的芥蓝、油菜心焯水。另起锅，将番茄汁、白糖、白醋、生粉、鸡精、胡椒粉做成混合茄汁。
7. 将芥蓝插入"菠萝"中，用心里美片和油菜心做好装饰，摆入盘内，浇入混合茄汁即可。

制作关键

1. 馒头片改刀为关键点之一。
2. 对整道菜品炸制的温度把控是关键点之二。
3. 掌握好制作的顺序，做好造型是关键点之三。

老母鸡松茸煨海参饺

主料 香菇 100 克，松茸 100 克，海参 200 克，猪肉馅 350 克，虾仁 250 克

辅料 老母鸡 1 只，红枣 30 克，枸杞 20 克，桂圆 20 克

调料 竹炭粉 0.4 克，生抽 50 克，盐 5 克，鸡精 3 克，开水 400 克，植物油 30 克，小麦淀粉 300 克，土豆淀粉 100 克，姜 30 克

创新点

这道菜品在传统花式蒸饺的基础上进行了创新。它选用青岛本地的海参和大虾，浇入老母鸡松茸高汤制作而成。菜品口感爽嫩弹牙，具有较高的营养价值。

This dish is an innovative creation based on the traditional "Fancy Steamed Jiaozi". It uses local sea cucumber and shrimp from Qingdao as the main ingredients, topped with a rich broth made from old hen and matsutake mushrooms. With a crisp, tender and springy texture, the dish provides a wide range of nutritional benefits.

制作过程

1. 将老母鸡剁成小块放入锅中，加入凉水、姜，大火烧开，小火熬成鸡汤。
2. 鸡汤内加入红枣、桂圆、枸杞，用小火熬至材料熟透。出锅前加入松茸，煮制 1 分钟后即制成高汤。
3. 将海参、香菇切丁。虾仁剁成虾泥。猪肉馅加入生抽、鸡精、少许盐、植物油调味，加入海参丁、香菇丁、虾泥，搅拌均匀。
4. 将小麦淀粉、土豆淀粉、竹炭粉、剩余的盐搅拌均匀后加入开水搅匀，趁热揉至光滑，分成若干剂子。
5. 取一个剂子擀皮，包上馅，做成椭圆形的生坯，表面捏成海参的形状。依次做好。蒸锅上汽后蒸 15 分钟。
6. 将蒸好的"海参"摆在碗中，浇入高汤，放入红枣、桂圆等材料即可。

制作关键

1. 制作本菜品需要将肉馅搅拌至上劲。猪肉馅要使用七肥三瘦的。
2. 和面需要用开水，需要趁热的时候搅拌至没有干粉再揉匀。
3. 蒸制海参饺子的时间不要过长，时间太长饺子会塌陷。

冯琳

青岛市平度市技师学院教师

赞词

细品鸡汤诸料全，
刺参做主慢烹鲜。
定知岁月催人处，
爽口犹存庖俎篇。

（张念军）

茶香虾

赞词

奇葩一朵浸茶香，
绽放芙蓉须忍尝。
已幸虾仁工艺事，
便迎锦绣送飞觞。

（张念军）

主料 海捕对虾 300 克，崂山绿茶 30 克

调料 烧汁 10 克，浓缩橙汁 5 克，蜂蜜 10 克，一品鲜酱油 2 克，生抽 2 克，美极鲜酱油 2 克，白糖 7 克，90℃ 的水、葱、姜、淀粉、植物油各适量

装饰材料 绿叶菜、雕刻造型各适量

创新点

"茶香虾"顾名思义就是茶叶与虾碰撞出的美味。成菜选用青岛崂山绿茶和本地海捕大虾制作而成。它口感酥脆，色泽金黄，茶香十足。

"Tea Fragrance Shrimp", as the name suggests, is a delightful flavor combination of tea leaves and shrimp. This dish features Laoshan green tea from Qingdao paired with locally caught large shrimps. It boasts a crispy texture, a golden color, and a strong tea aroma.

制作过程

1. 将绿茶用 90℃ 左右的水冲泡 20 分钟。等茶叶舒展开来，把茶叶捞出挤干水分，茶叶、茶水备用。
2. 海捕对虾开背，去虾线，制成虾片，用葱、姜、茶水腌制 20 分钟。油锅烧热，虾片拍淀粉，油六成热时下入虾片炸至呈金黄色，捞出。将茶叶炸至酥脆，捞出，控油。
3. 锅留底油，将烧汁、浓缩橙汁、蜂蜜、一品鲜酱油、生抽、美极鲜酱油、白糖下锅，混合均匀，加入炸制好的虾片和茶叶下锅翻炒均匀。将做好的虾片和茶叶摆好造型，用装饰材料装饰即可。

制作关键

1. 茶叶用生长周期长的崂山绿茶，它的叶片肥厚。茶叶炸至酥脆即可，过火则苦。
2. 海捕对虾要开背，去虾线，这样能保证入味。要炸至外酥里嫩。

宋金兴

青岛市技师学院教师

鱼跃龙门

罗涛

青岛市技师学院中餐教师

赞词

鱼跃龙门好彩头，
诸生相遇即封侯。
抛却身后忧烦事，
品味人间第一流。
（张念军）

主料	鲤鱼 1500 克
辅料	小油菜 250 克，面粉适量
调料	橙汁 200 克，白糖 400 克，白醋 200 克，苹果醋 25 克，蜂蜜 20 克，盐 4 克，植物油、水淀粉、葱姜水各适量
装饰材料	小橘子造型、三色堇、绿叶菜各适量

创新点

整道菜品活灵活现。山东济南的糖醋鲤鱼是一道传统名菜，本菜品就是在糖醋鲤鱼的基础上改良而来的。它外酥里嫩，酸甜适口，方便食用，造型美观。

Vividly presented, this dish is an improvement based on traditional famous dish "Sweet and Sour Carp" from Jinan, Shandong. It features a crispy exterior and tender interior, with a balanced sweet and sour taste, making it tasteful and visually appealing.

制作过程

1. 将鲤鱼去鳞、鳃、内脏。将鱼肉片成硬币厚的抹刀片。鱼身的骨头与鱼头、鱼尾相连不要切断。鱼肉片和鱼头、鱼尾、鱼身骨放入葱姜水中，泡去血和腥味。小油菜焯水。
2. 将橙汁、白糖、白醋、苹果醋、蜂蜜、盐调制成糖醋汁。
3. 将水淀粉搅拌均匀调制成淀粉糊。
4. 将鱼肉片和鱼头、鱼尾、鱼身骨均匀拍上面粉，再裹上淀粉糊。油锅烧热，油五成热时下入处理好的鱼肉片、鱼头、鱼尾、鱼身骨等炸至呈金黄色，出锅控油。油温升至六成热复炸一遍，出锅控油。
5. 焯好水的小油菜摆入盘中，将鱼头、鱼尾、鱼身骨放入盘中小油菜上，整理成昂头翘尾形态。锅内加入调好的糖醋汁，熬至浓稠，淋入油，加入炸好的鱼肉片，离火翻炒，出锅摆盘，用装饰材料装饰即可。

制作关键

1. 制作这道菜对挂糊的厚度、油温的把控和炸制时间都有比较高的要求。
2. 造型的摆放以及糖醋汁的调制要符合要求。

竹君节节升

顾志鹏

青岛市技师学院教师

主料 鲈鱼 1 条，黄瓜 2 根，鸡蛋清 100 克

辅料 鱼子酱 10 克，沙果 2 个，水萝卜 1 个

调料 盐 3 克，水淀粉 50 克，料酒 10 克，植物油适量

装饰材料

创新点

整道菜品造型精美，色泽美丽。它有"咬定青山不放松"的高雅寓意。成菜由青岛当地鲈鱼、黄瓜、水萝卜等制作而成，食材搭配合理，营养价值丰富。

The entire dish is exquisitely presented with beautiful colors. It carries the elegant connotation of "the bamboo stands upright amid green steep mountains". The dish is made using local bass from Qingdao, cucumbers, and summer radishes, with a well-balanced combination of ingredients that offers rich nutritional value.

制作过程

1. 鲈鱼取肉，切成鱼粒。黄瓜切段后如图示抠空。用部分黄瓜皮做成绿叶状，用部分黄瓜皮刻成字。
2. 鱼粒用水淀粉、盐、料酒上浆。沙果、水萝卜切成薄片。
3. 鸡蛋清炒制成芙蓉状垫底。鱼粒滑油至成熟捞出。按照图示的样子装盘，放上鱼子酱即可。

制作关键

1. 鲈鱼肉切成鱼粒时注意刀工，确保样子整齐。
2. 鱼粒上浆时要保证上浆均匀。
3. 鱼粒滑油时要控制好油温。
4. 装盘注意造型美观，成品要有艺术美感。

赞词

竹君节节仰高升，
顺利平安又一层。
席上钟馗尊盎盎，
鲈鱼巧妙解炎蒸。
（王兆伟）

刺猬鱼

郭健

青岛市技师学院中餐教师

赞词

乌鳢鱼身合聚星，
坐为食客讲曾经。
盘中烹鼎分鲜味，
井问丹砂一抹青。
（张念军）

主料 黑鱼1条（约2000克），罐头樱桃24粒

辅料 面粉适量

调料 番茄酱200克，白糖300克，白醋200克，水淀粉300克，盐4克，葱末10克，姜末10克，蒜末10克，葱姜水适量

装饰材料 雕刻造型、石榴籽各适量

创新点

本菜品使用黑鱼为主要原料，通过一道菜展示两种烹调方法。在造型上将黑鱼肉改刀成刺猬的形状，突出菜品意境。在色泽上，以红色和白色两种色彩为主，使菜肴更具有灵动性。

This dish uses cuttlefish as the main ingredient, showcasing two cooking methods in a single dish. The cuttlefish meat is cut into the shape of a hedgehog, highlighting the artistic concept. A contrast between red and white is used to enhance the dish's vibrancy and dynamism.

制作过程

1. 将黑鱼去鳞，取肉。将鱼肉剞上鳞毛花刀，放入葱姜水中浸泡。
2. 将白糖、白醋、盐调制成糖醋汁。
3. 将部分鱼肉均匀拍上干面粉，裹上水淀粉，做成刺猬身体形状。油锅烧热，油温五成热时下入"刺猬"炸至呈金黄色出锅控油。剩余的鱼肉去皮打成鱼泥，做成球的形状，炸熟。
4. 另起锅，锅内加入调好的糖醋汁熬至浓稠，淋入油浇在刺猬上即可。按照图示样子摆造型，用装饰材料装饰好即可。

制作关键

制作刺猬鱼对挂糊的厚度、油温的把控和炸制时间都有较高的要求。

马家沟芹菜鲜虾球

主料　青虾仁 300 克，马家沟芹菜 100 克，鸡蛋清少许
调料　盐 5 克，味精 10 克，白胡椒粉 2 克，葱末、姜末共 10 克，生粉 15 克
装饰材料　炸牛蒡丝适量

创新点

本菜品使用平度特有的马家沟芹菜，与鲜虾仁相结合制作而成。成菜红绿相间，口感弹牙，味道鲜美。

This dish combines the unique geographical indication product, Majiagou celery from Pingdu, with fresh shelled shrimps. Featuring a vibrant mixture of red and green colors, the finished dish has a springy texture, and offers a delicious flavor.

制作过程

1. 将马家沟芹菜择洗干净，切末。青虾仁取虾线，先用刀拍再剁至呈颗粒状。
2. 虾仁粒加入调料和鸡蛋清摔打至上劲，然后加入芹菜末抓拌均匀。
3. 起锅烧油至四成热将虾球（乒乓球大小）挤好逐个放入热油中炸大约 3 分钟至虾球飘起、成熟，捞出沥油，用炸牛蒡丝垫底装盘即可。

制作关键

1. 虾粒要上劲才能富有弹性。
2. 油温要控制好才能保证虾球颜色红绿相间。

刘陆桥

青岛市平度市华玺大酒店
炒锅主管

赞词

鲜虾芹菜怎相求，
樽俎融融好献酬。
最是秋来丰收景，
食源平度马家沟。

（梁磊）

红果菊花鱼

史大雪

青岛市莱西市职业教育中心
学校主任

赞词

大师技艺真超前，
红果菊花归自然。
荡漓烹鲜呈玉馔，
鱼生栩栩且随缘。

（梁磊）

主料　　莱西湖草鱼 1 条（约 1250 克）

辅料　　青椒适量

调料　　自制红果酱 100 克，白糖 50 克，苹果醋 30 克，生粉 200 克，葱姜水、盐、水淀粉、植物油各适量

装饰材料　　绿叶、芝麻、糖山楂、香菜梗、雕刻造型各适量

创新点

　　本菜品是在传统鲁菜茄汁菊花鱼的基础上创新制作而成的。作品既有陶渊明"采菊东篱下，悠然见南山"的闲情雅致，又有黄巢的"冲天香阵透长安，满城尽带黄金甲"的豪迈。使用的料汁将传统的茄汁改为红果炒成的红果酱。

　　This dish is an innovative creation based on the traditional Shandong cuisine of "Chrysanthemum Fish in Tomato Sauce". It embodies the leisurely elegance found in Tao Yuanming's verse "As I pick chrysanthemums beneath the eastern fence, my eyes fall leisurely on the Southern Mountain", while also capturing the grandeur of Huang Chao's line "When the sky-reaching fragrance of the chrysanthemum permeates Chang'an,

the whole city will be clothed in golden armour". The original tomato sauce is replaced by a red fruit jam made from stir-fried red fruits.

制作过程

1. 将草鱼宰杀后去骨，取肉。在净鱼肉上先用直刀剞上刀距为 0.2 厘米、深至鱼皮的刀纹，再转一角度，用同样的方法剞上与原刀纹垂直的刀纹，即成菊花鱼生坯。青椒刻成菊花叶子形状和菜名字。
2. 将菊花鱼生坯放入葱姜水中腌制 10 分钟后取出，用干净的毛巾吸干水分后，均匀地拍上生粉。
3. 起锅烧油至五成热，将拍好粉的菊花鱼生坯放入油锅中炸至定型，捞出。待油温升至七成热时，将菊花鱼放入复炸。
4. 另起油锅，放入红果酱炒制，加入白糖、清水、苹果醋、盐炒匀，用水淀粉勾芡，淋热油，旺火爆汁。
5. 将调好的汁浇在菊花鱼上，装盘，用装饰材料做好造型即可。

制作关键

1. 剞刀时刀距要均匀，深至于皮。
2. 拍粉时要先擦干水分。均匀地把每朵"菊花"都拍上粉。
3. 炸制时，先用五成热的油炸至定型，再用七成热的油炸至上色。
4. 做汁时用热油旺火爆汁，使芡汁明亮。

一品青莲

赞词

一品青莲不染尘，
呈君寓意鼓精神。
食材多少斋盐味，
最爱平凡脍炙人。

（王一晨）

主料　优质面粉 500 克，火龙果汁 200 克，莲蓉 300 克，猪油 300 克

辅料　椰蓉 100 克，黄油 100 克，蔓越莓干 50 克，鸡蛋 1 个

调料　糖 100 克，植物油适量

装饰材料　食用金箔适量

创新点

本菜品外观精巧美观，栩栩如生。成品的花瓣由山东本地优质面粉混合火龙果汁经调色、揉制而成，色彩明快，口感丰富。

This dish has a vivid, exquisite and beautiful appearance. The petals of the finished product are made from high-quality local flour from Shandong, mixed with dragon fruit juice for coloring and kneaded into shape. It has vibrant colors and a rich texture.

制作过程

1. 部分面粉与猪油调制成干油面团，剩余的面粉和火龙果汁和成水油面团。两种面团分别下剂子备用。
2. 将莲蓉、糖、鸡蛋、椰蓉、蔓越莓干加入黄油中调匀后下剂子备用。
3. 将水油面剂子包入干油面剂子中，开酥后擀薄，包入莲蓉混合馅剂子。
4. 用刀均匀切好切口，进行造型。
5. 入油锅炸熟至定型，装盘，用装饰材料装饰即可。

制作关键

1. 用创新的手法和工具进行造型。
2. 利用纯天然植物进行调色，是作品的创新点之一。

丁红

青岛市技师学院教师

彩色层酥巧果

李琳

青岛市莱西市职业教育中心学校教师

主料 中筋粉 250 克，无水酥油 175 克，糖浆 20 克，低筋粉 175 克，果蔬粉、豆沙馅心、板栗馅心、莲蓉馅心各适量

调料 绵白糖 12 克，开水 113 克，

创新点

作品继承胶东地区乞巧节烙制巧果的食俗，将传统发酵面团改为层酥面团，做成的成品口感酥香。水油皮经烫制更具延展性和可塑性，做出的成品花纹清晰。用果蔬粉调制的干油酥，酥层色彩艳丽。

This dish inherits the food customs of the Qiqiao (Double Seventh) Day in the Jiaodong region, specifically the practice of frying "qiaoguo", transforming the traditional fermented dough into a flaky pastry dough, resulting in a finished product with a crispy and fragrant texture. After being scalded, the water-oil crust exhibits greater extensibility and plasticity, allowing for clear patterns in the final product. The vegetable and fruit powders are used to create a colorful and vibrant flaky layer.

制作过程

1. 将部分中筋粉、75 克无水酥油、糖浆、绵白糖、开水和成水油面，反复揉搓、摔打至上劲，分成剂子。
2. 将低筋粉、100 克无水酥油和成干油面，加入果蔬粉调成不同颜色的面团，分成剂子。
3. 将水油面团剂子擀成皮，包入干油面团剂子，经过两次擀叠起酥。
4. 用模具扣出圆皮，分别包入各种馅心。
5. 按入印模中成形后取出。
6. 放入烤箱，用上火 180℃、下火 170℃烤 20 分钟即可。

制作关键

1. 水油面皮经烫制更为酥松，且花纹清晰。
2. 起酥时使用不同的叠酥方法擀制出层次颜色多变的彩色面皮。

赞词

豆沙板栗莲蓉汇，
错落年轮且莫催。
架上盈盈相会处，
一酥一果可为媒。
（王一晨）

青岛　91

锦绣田园番薯包

隋雪超

青岛市技师学院教师

赞词

锦绣田园地里生，
一提番薯尚耘耕。
乃携珍品来相馈，
美观大方寻物情。

（梁磊）

主料 木薯粉 300 克，红薯 600 克，紫薯粉 300 克

辅料 糯米粉 50 克，乳酪 50 克，牛奶 180 克，黄油 15 克，鸡蛋适量

调料 盐 2 克，糖 30 克，玉米淀粉 15 克，橄榄油 30 克

装饰材料 绿叶菜、饼干块、饼干粉各适量

创新点

这是一款"少油、少盐"的营养面点，寓意朝气蓬勃。在原料上，选用山东本地红薯等原料，使产品价格适中。在营养上，荤素搭配，低脂高蛋白。

This is a nutritious dish featuring "low oil and salt", symbolizing vitality and vigor. It uses locally sourced ingredients such as sweet potatoes from Shandong, which keeps the product price moderate. Nutritionally, it combines both meat and vegetables, offering low fat and high protein content.

制作过程

1. 调制面团：牛奶中加入少许糖及盐加热至 60℃，加入木薯粉、糯米粉、玉米淀粉及鸡蛋，混合均匀，加入少许橄榄油揉成光滑面团，盖保鲜膜松弛 15 分钟。
2. 调制馅料：将红薯去皮，上锅蒸熟，捣成泥。不粘锅中加入红薯泥、乳酪、黄油与剩余的橄榄油，小火炒匀，再加入剩余的糖翻炒至成团，晾凉备用。
3. 成型方法：将面团分成若干个剂子，取一个剂子压平，包上红薯馅，将面团制成红薯状后裹上紫薯粉。
4. 制熟方法：放入烤箱，用上下火 180℃烘烤 25 分钟，用装饰材料装饰即可。

制作关键

本品采用烤制的方法制熟。成品形似红薯，外壳酥脆可口。使用红薯做内馅，软糯香甜，补中益气。

百万砂锅鲽鱼头

主料 鲽鱼头 800 克

调料 干葱片 150 克，蒜子 100 克，鲜沙姜 80 克，秘制酱料 80 克，小葱 10 克，花生油、葱姜水、红尖椒末、香叶、八角、花生油各适量

装饰材料 绿叶菜、花朵各适量

郑志乡

潍坊市上河小镇酒店店长

创新点

本菜品属于砂锅鱼头类的菜。一般的砂锅鱼头使用的是胖头鱼等食材，而本菜品使用鲽鱼头。成品软糯顺滑，风味独特，具有浓郁的蒜香味。

This dish belongs to the category of clay pot fish head dishes. While typical clay pot fish head dishes use ingredients like bighead carp, this dish utilizes flounder heads. The finished product is tender and smooth, with a unique flavor and a rich garlic aroma.

制作过程

1. 鲽鱼头片成大片，治净。用葱姜水、香叶、八角腌制 40 分钟。
2. 蒜子炸香备用。
3. 鲽鱼头用秘制酱料腌制 10 分钟。
4. 锅中加入花生油，烧热，加入干葱片、炸蒜子、鲜沙姜、小葱垫在锅底，放入腌制好的鲽鱼头、水，烧至汤汁黏稠即可出锅，撒红椒末，用装饰材料装饰即可。

制作关键

掌握好烧菜的火候。

赞词

砂锅百万鲽鱼头，
浓郁油烧足唱酬。
莫道银鳞天欲暮，
缓烹四喜泛瓷瓯。

（梁磊）

牛蒡爆浆虾球

主料 牛蒡 200 克，大虾仁 180 克

辅料 脆花颗粒 100 克，猪皮冻 100 克，蛋液 25 克

调料 盐 3 克，料酒 5 克，胡椒粉 3 克，花椒水 5 克，水淀粉 15 克，香炸粉、玉米淀粉、植物油各适量

装饰材料 青椒末、红椒末、花朵各适量

创新点

此菜是一道在传统鲁菜炸虾球的基础上创新制作的菜品。它色泽枣红，形如荔枝，美观大方，外酥里嫩，色、香、味俱全，营养价值极高。它的肉馅的口感犹如果冻一般爽滑。

This dish is an innovative Shandong cuisine creation based on the traditional Shandong cuisine "Fried Shrimp Balls". It has a vibrant date-red color and a lychee-like appearance, making it visually appealing. With a crispy exterior and tender interior, this dish offers a complete sensory experience through its vibrant colors, enticing aroma, and rich flavors. Highly nutritious, it boasts a smooth, jelly-like texture that delights the palate.

制作过程

1. 牛蒡去掉外皮，清洗干净，切成 8 厘米长的长块，顶刀切成片，再切成细丝。切好后的牛蒡丝冲洗 3 遍以上。
2. 取适量香炸粉、玉米淀粉（两者的比例为 1∶1）混合。将牛蒡丝吸干水分，均匀裹粉。油锅烧热，六成热时下入裹粉的牛蒡丝，炸至呈金黄色，捞出控干油。
3. 大虾仁开背，去除虾线，清洗干净，用刀背拍打成泥，加入盐、料酒、胡椒粉、蛋液、花椒水、水淀粉摔打至上劲。油锅烧热。取适量虾泥，包入少许猪肉冻，制成均匀的虾丸，拍脆花颗粒，炸到外酥里嫩。将所有虾球做好。将牛蒡丝和虾球按照图示装盘，用装饰材料装饰即可。

制作关键

牛蒡要足够细。

刘胜永

潍坊市中维新东方大酒店
行政总厨兼出品总监

赞词

金黄牛蒡佐虾球，
一锁金函三尺钩。
画意诗情皆可赏，
翠华观稼庆盈眸。

（张念军）

富贵吉祥螺

主料 胶东大海螺 1000 克

辅料 水发龙口粉丝 10 克，青、红椒末共 5 克

调料 安丘大蒜 50 克，盐 600 克，蚝油 10 克，酱油 3 克，鸡汁 3 克，白糖 2 克，花椒 3 克，香葱末 2 克，植物油适量

装饰材料 雕刻造型、花朵、绿叶菜、花椒、盐、炸牛蒡丝各适量

创新点

整道菜品外观生动形象，有富贵吉祥、事事如意的美好寓意。它采用胶东大海螺和安丘本地大蒜制作而成，鲜香味美，让人回味无穷。

The appearance of the dish is vivid and imaginative, conveying auspicious meanings of wealth, luck and contentment. It is made using large sea snails from the Jiaodong region and local garlic from Anqiu. The dish is fresh, fragrant and delicious, leaving a lasting aftertaste.

制作过程

1. 选用新鲜的胶东大海螺，煮熟，挑出海螺肉，去除内脏。将螺肉放入海螺壳中。将大蒜剁成蓉，取二分之一炸至呈金黄色。将炸的蒜蓉、剩余的蒜蓉、酱油、鸡汁、白糖、泡发好的龙口粉丝和蚝油制成蒜蓉粉丝酱备用。盐与花椒炒制成花椒盐备用。
2. 将炒好的花椒盐倒入砂锅中，摆上处理好的海螺。螺肉上放自制蒜蓉粉丝酱盖上盖，中火焗制 10 分钟，使椒香味与蒜香味充分融合。
3. 取出后放上青椒末、红椒末、香葱末点缀，用装饰材料装饰即可。

制作关键

1. 一定要选用胶东新鲜大海螺及安丘本地本地大蒜。
2. 煮海螺煮至八成熟即可。
3. 盐焗时间不宜过长，以海螺肉刚刚熟透为宜。

游加明

潍坊市新东方大酒店厨务总监助理

赞词

螺号频吹节节高，
凤凰绿菜纵鲸鳌。
黄炉麝炷生青绿，
口腹垂涎做老饕。

（梁磊）

董府虎头鸡

董文龙

潍坊市四同餐饮管理股份有限公司董事长

赞词

传承董府虎头鸡，
色泽金黄醉似泥。
厨艺无书香满砌，
品评一碗较高低。

（王一晨）

主料 鸡块 2500 克，面粉 500 克，鸡蛋液 850 克

调料 葱段 150 克，姜片 100 克，酱油 200 克，鸡精 30 克，白胡椒 5 克，白糖 5 克，香油 1 克，八角、大豆油、香菜末、纯净水、盐、香醋各适量

创新点

虎头鸡是寿光传统名吃。为了使虎头鸡表面色泽更好，我们弃用传统色拉油，选用原榨大豆油炸制；为了使口感更加软糯，做面糊时不加水，加大蛋液用量，减少面粉用量；为了更加符合大众口味，精心改良腌制配方，去除了原有的油腻感。

This dish is a traditional delicacy from Shouguang. To achieve a golden surface, we use raw squeezed soybean oil for frying instead of using traditional salad oil. To enhance the soft and sticky texture, we add no water and increase the amount of egg liquid while reducing the amount of flour. To better cater to diners' taste, we have meticulously improved the marinating recipe, eliminating the original greasiness.

制作过程

1. 将鸡蛋液与面粉混合均匀，将鸡块放入其中，均匀裹糊。
2. 大豆油烧至 200℃，放入鸡块炸制 10 分钟左右，捞出控油，晾透。
3. 净锅中放入纯净水，大火烧开，放入炸制好的鸡块，放入八角、葱段、姜片、酱油，小火慢炖 30 分钟后加入鸡精、盐、白糖、白胡椒粉，出锅时再加入适量香醋，点香油，放少许香菜末即可。

制作关键

必须选用 1 年以上的老母鸡。炸制过程中切忌油温过低。煮制前多加水且小火慢炖。

醋煎鳎目鱼

主料 鳎目鱼 1 条（约 800 克）

辅料 面粉适量

调料 盐 10 克，味精 8 克，香油 10 克，味极鲜酱油 30 克，葱花 5 克，香菜 5 克，米醋 30 克，料酒 10 克，葱、姜、蒜、植物油、香菜末适量

装饰材料 香菜少许

创新点

整道菜色泽金黄，醋香扑鼻。鳎目鱼肉鲜嫩似黄鱼，无腥味，肉质能和大黄鱼相媲美，经油炸再醋烹之后，鲜香可口。

The entire dish has a golden color and a fragrant vinegar aroma. The sole fish meat is tender and resembles yellow croakers, with no fishy taste. Its texture can rival that of large yellow croakers. Fried and then cooked with vinegar, it becomes delicious and flavorful.

制作过程

1. 鱼去鳞改刀，加入盐、味精、香油、味极鲜酱油、葱花、香菜、料酒腌制 10 分钟。
2. 鱼裹面粉，下入油锅中用中火煎至呈金黄色。
3. 另起油锅，放入葱、姜、蒜等调料，炒出香味，放入鱼和米醋猛火煎熟，再炖 5 分钟，出锅后用香菜末装饰即可。

制作关键

1. 制作此菜要选用新鲜的鱼，并且使用上好的米醋。
2. 火候要掌握好，炖制时间不要超过 5 分钟。

徐永鹏

潍坊市渔家海鲜村厨师长

赞词

醋煎鳎目一条鱼，
箸下烹鲜喜菜蔬。
汤汁浓稠应有味，
问厨藜火近相如。

（王一晨）

常山东坡肉

周显真

潍坊市永辉乡间生态旅游发展有限公司厨师长

赞词

晶莹剔透足风流，
此肉民间享冕旒。
承露玉浆酬九域，
遥凭食谱姓名留。

（田章红）

主料 带皮藏香猪肉 500 克

辅料 全麦粉 250 克，山楂 20 克，薄饼、蛋液、芝麻各适量

调料 蚝油 10 克，冰糖 10 克，葱 50 克，姜 50 克，桂皮 15 克，香叶 5 克，秘制料 10 克，植物油适量

装饰材料 绿叶菜适量

创新点

这道菜是在经典东坡肉的基础上进行创新制作而成的。本菜品使用有"人参猪"之称的藏香猪的肉，加几颗山楂制作，最大限度保留了肉的香气。山楂酸爽可口、解腻消脂，红烧肉色泽红亮、入口香糯、味醇汁浓、带着果香、肥而不腻、瘦而不柴，让人欲罢不能。

As an innovative creation based on the classic Dongpo Pork, this dish uses the meat of Xizang fragrant pig, known as "ginseng pig", combined with a few hawthorn berries, retaining the meat's aroma to the maximum. The hawthorn adds a refreshing and tangy flavor that helps reduce greasiness and fat. The braised pork showcases a vibrant red hue and offers a tender, fragrant texture. Each bite reveals a complex flavor profile, complemented by a concentrated sauce infused with fruity undertones. Rich yet light, and lean yet succulent, this dish is simply irresistible.

制作过程

1. 将带皮藏香猪五花肉放入蒸箱蒸 10 分钟，取出。
2. 切成 5 厘米见方的方块，过油。
3. 取砂锅，将肉块放入锅内，加入蚝油、冰糖、葱、姜、桂皮、香叶及秘制料，加盖密封，置旺火上焖煮半小时。
4. 取锡纸包裹肉块，并放入山楂，然后附上薄饼，做出山包造型，刷蛋液，撒芝麻入烤箱烤制 20 分钟，用装饰材料装饰即可。

制作关键

本道菜的关键是掌握好每道工序的火候。

潍水风情　渤海至味

主料　渤海鲈鱼、渤海梭子蟹、渤海水发刺参段各适量
辅料　海石花菜、菜胆、山鸡蛋、鱼胶粉、蟹黄各适量
调料　盐、味精、胡椒粉、葱姜水、纯净水、红虾油各适量
装饰材料　绿叶菜、花瓣各适量

创新点

此菜所选用的主料均取自渤海，它借鉴老潍县传统菜品大头丸子的制作工艺制作而成。将制作传统大头丸子的猪肉改成鱼肉和蟹肉等，做成的菜品口感鲜嫩滑爽。

The ingredients for this dish are sourced from the Bohai Sea and are crafted using the traditional technique of making large meatballs from former Weixian County. The traditional pork used in large meatballs is replaced with fish and crab meat, resulting in a dish that is tender and refreshing in texture.

制作过程

1. 渤海鲈鱼取肉，剔除杂质后切丁，用葱姜水浸泡20分钟。
2. 渤海梭子蟹蒸熟，取蟹粉。
3. 海石花菜洗净，用纯净水熬至浓稠，加入渤海水发刺参段、菜胆、山鸡蛋、鱼胶粉，冷藏，制成海石花海参冻，取出后改刀。
4. 取鱼肉丁加入蟹粉制成鱼圆用纯净水煨熟，点缀红虾油和蟹黄，和海石花海参冻拼装，用装饰材料装饰即可。

制作关键

把握好冷藏和煨制的时间。

陈安辉

潍坊富华大酒店中餐厨师长

赞词

诸肉成团渤海情，
汇鲜潍水各分明。
珠玑案几如罗列，
鲈鲑初尝试食羹。

（田章红）

鲁味黑蒜牛肋排

赞词

黑蒜相承牛肋排，
胡椒腌制赴清斋。
一城风物寻高致，
点染斯文开雅怀。

（王一晨）

主料 雪花牛肋排 4 根

辅料 圆葱片 50 克，胡萝卜片 50 克，西芹片 50 克，西蓝花 20 克，拇指胡萝卜 4 根，青豆 5 克

调料 黑胡椒碎 30 克，番茄酱 40 克，黄油 20 克，黄汁粉 30 克，鸡粉 10 克，海盐 10 克，白糖 15 克，盐、鸡汤各适量，黑蒜 20 个

装饰材料 圣女果、雕刻造型各适量

创新点

这道菜是在传统孔府菜酱烧牛肉的基础上改良而来的，主要在食材、造型和口味上进行了改良。牛肋肉软糯浓香，黑蒜含有丰富的营养。

This dish is an improved version of the traditional Confucius Family "Braised Beef in Soy Sauce", with enhancements made to the ingredients, presentation and flavor. The beef short ribs are soft, tender and fragrant, and black garlic is rich in nutrients.

华悌任

潍坊市新富佳悦大酒店有限公司中餐炒锅主管

制作过程

1. 牛肋排加入海盐、少许黑胡椒碎腌 20 分钟。
2. 平底锅烧热，入黄油，加入牛肋排煎至四面表皮收缩，放入烤盘中。
3. 另起锅，入黄油，加入圆葱片、西芹片、胡萝卜片、剩余的黑胡椒碎煸炒，加入番茄酱、鸡汤、黄汁粉、鸡粉、盐、白糖调味，将部分味汁倒入烤盘，封锡纸，入烤箱，上下火 175℃，烤 90 分钟，拿出，改刀装盘。
4. 将黑蒜放到剩余的味汁里稍炖，取出和牛肋排一起上桌，用装饰材料装饰即可。

制作关键

1. 牛肋排必须提前腌入味，然后入锅煎。
2. 选料讲究，最好用雪花牛肋排，用它做出的成品口感软嫩无筋。
3. 烤的时候时间要够。

虎皮肘子

鞠来海

潍坊市惠发食品股份有限公司研发主厨

赞词

鲁菜大师传典章，
遵循炮制收高汤。
三分炖煮七分卤，
肘子虎皮黏又香。

（王一晨）

主料 新鲜肘子 1250 克

调料 香辛料 64.5 克，浓口酱油 150 克，盐 20 克，味精 30 克，鸡精 20 克，葱 200 克，姜 150 克，菜籽油 200 克，白酒、花椒、糖色各适量

搭配材料（选用） 芝麻盐、鸭饼、香葱、黄瓜条、圣女果各适量

创新点

严格遵循鲁菜大师的技法。遵循鲁菜经典配比，精准调制卤汤，付诸耐心与诚意。坚持"三分炖七分卤"的传统慢工细活的传统，拒绝任何贪利求快的做法，做出的都是记忆中的经典老味道。

Strictly adhering to the techniques of master cuisine chefs in Shandong, and following the classic proportions of Shandong cuisine, we meticulously prepare the braising broth with precision, investing patience and sincerity. We uphold the traditional method of "30% stewing and 70% braising", refusing any practice that prioritizes profit over quality and ensuring good products through slow work. This dish preserves the classic flavors that evoke cherished memories.

制作过程

1. 新鲜肘子用火枪烧毛至颜色发黑，用毛刷清洗干净。
2. 葱、姜、花椒、肘子、白酒和凉水一起下锅，开锅后捞出，用热水清洗干净。
3. 将所有香辛料用 80℃ 温水浸泡 20 分钟。
4. 另起锅，加适量水，加入糖色、浓口酱油、盐、味精、鸡精、香辛料，煮沸 10 分钟，下入肘子，大火煮 20 分钟，微火浸煮至熟烂脱骨。
5. 食用时，取适量汤汁浇在改好刀的肘子上。
6. 搭配芝麻盐、鸭饼、香葱、圣女果、黄瓜条等食用。

制作关键

三分炖，七分卤，浸卤时间一定要长，充分入味。

纸筒排骨

主料 猪鲜肋排适量

调料 盐 5 克，味精 5 克，料酒 10 克，淀粉 15 克，南乳汁 20 克，植物油适量

创新点

本菜品使用猪鲜肋排制作而成，成品具有浓郁的蒜香味。排骨用南乳汁腌制后，风味独特，炸制后色香味俱全。

This dish is made with fresh pork ribs. The finished product has a rich garlic aroma. The ribs, marinated in fermented red bean curd sauce, have a unique flavor and are crispy and fragrant after frying.

制作过程

1. 将鲜排骨剁成 10 厘米长的段，用清水浸泡清洗。
2. 将冲洗好的排骨用干布吸干表面水分，加入盐、味精、料酒，加入南乳汁腌制一段时间，加入淀粉抓匀。
3. 锅中烧油，油温七成热时放入排骨段炸至呈金黄色即可。

制作关键

油温不能太高，要使成品呈现外焦里嫩的特点。

房孝德

潍坊市华亚国际酒店厨师

赞词

外焦里嫩饰金黄，
唇齿留香累十觞。
锡箔纸筒现意境，
鸢飞席上遣君尝。

（王一晨）

驴肉汤烩萝卜丸子

潘立军

潍坊市青州市仙客来国际酒店厨师长

赞词

两瓯水路簇香丸，
驴肉温情擎大观。
羹美膏腴相献替，
更需快意且加餐。
（田章红）

主料 鲜驴肉 500 克，潍县萝卜 1500 克

辅料 鸡蛋适量，面粉 20 克

调料 盐 15 克，味精 5 克，胡椒粉 15 克，米醋 15 克，香油 5 克，淀粉 20 克，猪油 5 克，葱末 10 克，姜末 10 克，香菜末、十三香、植物油各适量

创新点

本菜品一菜两吃，滋补养生。使用炖的方法可以使材料的营养物质更好地融入汤中。

This dish offers two ways to enjoy it and is nourishing for health. The stewing method allows the nutrients from the ingredients to better infuse into the broth.

制作过程

1. 鲜驴肉剁成粒状，加少许葱末和香菜末、姜末搅打至上劲。部分萝卜切成粒，放入到驴肉末中。将驴肉混合物挤成丸子生坯，入 85℃ 的水中氽熟，加适量盐、少许味精、香油、米醋、胡椒粉、剩余的葱末，盛出。

2. 剩余的萝卜去心，切成 4 厘米长的丝，烫透，冲净，挤去水分，加入剩余的盐、剩余的味精、十三香、少许鸡蛋，再加入淀粉、面粉、猪油，挤成丸子，入三成热油中炸熟，装入容器中即可。

制作关键

氽驴肉时丸子时，有些会散成碎絮状。这是正常现象。

扒谷

董文龙

潍坊市四同餐饮管理股份有限公司董事长

主料 扒谷生料 600 克，五花肉粒 200 克，纯地瓜粉条 80 克

辅料 韭菜段 5 克

调料 猪大油 35 克，色拉油 35 克，骨头汤 400 克，葱花 25 克，鸡精 8 克，八角 1 个，味达美酱油 3 克，盐 3.4 克

创新点

扒谷起源于清代末期寿光北部的一个村落。它是一种由绿豆和菠菜加工而成的食品，是寿光境内人们生活中的一道家常菜。

Pagu originated in a village in northern Shouguang during the late Qing Dynasty. Made from mung beans and spinach, it is a common home-cooked meal in the life of people in Shouguang.

制作过程

1. 锅内倒入猪大油和色拉油，放入葱花爆锅，炒出香味。
2. 放入五花肉粒煸出油脂，呈金黄色时放入扒谷生料、粉条、韭菜段，用勺子轻轻搅碎，快速翻炒出香味后倒入骨头汤。
3. 开锅后放入其他调料进行调味，小火慢炖收汁，快速大火翻炒均匀，可出锅装盘。

制作关键

加汤的量很关键，加多了容易做成汤，加少了容易煳锅。

赞词

绿意玲珑推食赏，
铜铃松下绮罗光。
纯天然里倾蔬素，
扒谷如今上席堂。
（田章红）

海虾酱

徐永鹏

潍坊市渔家海鲜村厨师长

赞词

金黄层叠两相忘，
垂钓人应遍翳桑。
最是篓中擎玉润，
宜虾宜酱寄泷塘。

（田章红）

主料	海虾 500 克
调料	辣椒面 50 克，辣椒油 30 克，香油 10 克，盐 10 克，味精 10 克，葱花 10 克，香菜末 10 克
搭配材料（选用）	炸馍片、熟虾各适量

创新点

　　海虾酱是胶东半岛常见的食物，它可以单独成菜，也可以作为调味品烹制菜肴。本菜品味道鲜美，让人回味无穷。

　　Sea shrimp paste is a common food in the Jiaodong Peninsula. It can be used as a standalone dish or as a seasoning to prepare other dishes. It is delicious, leaving diners a lasting aftertaste.

制作过程

1. 选取新鲜海虾去虾头、虾尾、虾线，捣成虾泥。
2. 加入辣酱面、辣椒油、香油、盐、味精、葱花、香菜末搅拌均匀，静置 24 小时。
3. 装入盘中，可以配上馍片、熟虾等食用。

制作关键

1. 制作此菜要选用新鲜的海虾，并且使用上好的辣椒面。
2. 要掌握好调料比例。

王氏肚煲鸡

王亮坤

潍坊市坊子区亮坤酒店厨师

主料 土鸡块 1750 克，猪肚 600 克，莲子 300 克

辅料 大枣、面粉适量，枸杞 10 克

调料 白糖 30 克，鸡精 35 克，秘制酱料、植物油、醋、盐各适量，味精 3 克，八角 8 克

创新点

王氏肚包鸡是在广东地区的肚包鸡的基础上改良而来的。改良后的菜品更能体现鲁菜的特点。

This dish is an improved version of the pork tripe stuffed with chicken from Guangdong. The modified dish better reflects the characteristics of Shandong cuisine.

制作过程

1. 将猪肚放入盆中，倒入面粉、醋、盐搅拌，搅拌均匀后，用凉水清洗。清洗干净后，放入锅中煮熟，取出，改刀成片。
2. 起锅烧油，加入准备好的土鸡块、莲子，加入水，加入秘制酱料、白糖、鸡精、味精、八角，中火烧开再用小火炖至成熟。
3. 将炖熟的土鸡块、莲子倒入煲中，再加入猪肚片，出锅前 5 分钟加入大枣、枸杞略炖即可。

制作关键

热锅凉油，中火烧开，小火炖制，时间在 90 分钟左右。在出锅前 5 分钟放入枸杞和大枣。

赞词

炉灶红煨肚煲鸡，
裁将丹锦度流溪。
熬需文火咕嘟沸，
天势初围听鼓鼙。

（张念军）

佛见喜锦梨

赞词

此为贡品少人知，
佛见欢兼两颐。
补肺滋阴开胃菜，
雪梨囊括聚珍奇。

（何大伟）

主料 雪梨适量

配料 大枣、桃胶、百合、莲子、银杏、麦冬、川贝、金耳、鲜榨石榴汁各适量

调料 冰糖适量

装饰材料 绿叶菜适量

创新点

这道菜是以雪梨为主料制作的一道美食。它使用桃胶、百合、莲子等具有丰富营养的原料制作而成。

This dish is a delicacy made primarily with snow pear. It is crafted using high-nutritional ingredients including Chinese forest frog, peach gum, lily and lotus seeds, making it rich in nutrition.

制作过程

1. 将雪梨洗净后，去皮，雕刻。
2. 锅中加入水、雪梨、大枣、麦冬、川贝、冰糖、鲜榨石榴汁，进行炖制，要小火慢炖。
3. 碗中加入清水。将桃胶、百合、莲子、银杏等原料放入碗中，再入蒸车蒸制20分钟。
4. 将炖制好的雪梨取出，放入盛器中，加入蒸好的桃胶等原料，放上绿叶菜进行装饰即可。

制作关键

1. 雕刻雪梨时一定要注意下刀的深度。
2. 蒸制桃胶等原料时，要严格把握好时间。
3. 炖制雪梨时，小火慢炖。

王海龙

临沂市技师学院烹饪一体化教师

鸡焖芋头泡饼

主料 小公鸡 1000 克，芋头 400 克，葱油饼 300 克，青、红椒片共 50 克

调料 花生油 100 克，八角 5 克，料酒 10 克，白糖 10 克，酱油 15 克，番茄酱 15 克，蚝油 10 克，盐 5 克，鸡精 10 克，香油 5 克，味精 5 克，花椒 5 克，白芷 2 克，葱、姜共 50 克，蒜、高汤各适量

高希军

临沂市乾天餐饮管理公司厨师长

赞词

芋头香饼再烹鸡，
一鼎青黄入辣啼。
卷起三层藏翡翠，
恰如食客顶冠齐。

（李正军）

创新点

芋头和鸡一起焖，营养成分互补，还可以减轻鸡肉的油腻感，搭配合理。芋头焖鸡味道鲜香浓郁，营养丰富。搭配葱油饼食用，农家特色浓厚。

Chicken braised with taro is a well-balanced dish. The two complement each other's nutritional components while reducing the greasiness of chicken. Braised chicken with taro is flavorful and rich in nutrition, and it pairs perfectly with scallion pancakes, showcasing a strong farmstay style.

制作过程

1. 把鸡剁成大小均匀的块。
2. 将芋头削去皮，洗净后切成鹌鹑蛋大小的滚刀块。
3. 锅烧热后，放入花生油，倒入葱、姜、蒜爆香。放入鸡肉块、芋头块炒一下，然后放入八角、料酒、酱油、番茄酱、鸡精、蚝油、味精、花椒、白芷、盐、白糖，加入高汤，盖上锅盖，用小火焖 30 分钟。
4. 出锅放青、红椒片拌匀，淋香油。搭配葱油饼上桌即可。

制作关键

1. 选取一年以内的散养小公鸡。
2. 芋头宜选用小芋头，质地硬，熟后绵软。
3. 焖的时间不宜过长或过短。

蒜头酥

主料　水油面材料：中筋粉 204 克，猪油 54 克，水 105 克，糖 20 克

　　　　干油酥材料：低筋粉 180 克，猪油 90 克

　　　　馅料：豆沙馅 300 克

其他材料　紫薯粉 10 克，薄荷叶、红糖各适量

王梦思

临沂市技师学院面点一体化教师

赞词

美味莫过蒜头酥，
韵入华笙谱作图。
深谷呼谁投锦瑟，
何如耽性未谙姑。
（李正军）

创新点

本菜品采用开酥的方法做成象形蒜头酥。造型美观大方。

Using the lamination method, this pastry is shaped like a garlic bulb, presenting an attractive and elegant appearance.

制作过程

1. 用水油面材料和成水油面，醒发，做成若干面片。用干油酥材料和成油酥面，分成若干干油酥团。
2. 水油面片包上干油酥团，团成球状，擀成长条卷起来，按扁，重复 3 次，然后擀成正方形的小饼。
3. 将豆沙馅包入小饼中，收口朝上，捏成大蒜的形状，用刮板压成蒜瓣的形状，用紫薯粉进行装饰。放入烤箱，以上火 200℃、下火 190℃烤 10 分钟。用薄荷叶、红糖装饰即可。

制作关键

1. 水油面和干油酥面的软硬度要适中。
2. 开酥时，要少撒面粉、勤撒面粉（分量外）。
3. 切的蒜瓣形状要均匀。

银鱼狮子头

王依飞

临沂市颐正园酒店管理有限公司热菜厨师

赞词

六汤六碗六珍丸，
点缀青蔬佐大餐。
最是银鱼来蹈海，
同心深感似金丹。

（李正军）

主料	银鱼 1000 克
辅料	河虾仁 50 克，马蹄 50 克，白菜叶、熟小堂菜、枸杞各少许，蛋清适量
调料	盐 20 克，味精 20 克，鸡粉 20 克，胡椒粉 10 克，葱姜水少许，白油 50 克，清汤适量

创新点

狮子头一般是用猪肉做的，有较为浓郁的肉味，而本菜品使用银鱼为主料，做出的成品风味独特，并且洁白鲜嫩，使食客感到惊奇。

Lion's head meatballs are typically made with pork, which has a rich meat flavor. However, this dish uses silverfish as the main ingredient, resulting in a uniquely flavored finished product that is pure white and tender, giving diners a pleasant surprise.

制作过程

1. 将马蹄洗净，改刀成粒。银鱼切成丁，剁成泥状。河虾仁剁成虾胶，加入白油、盐、味精、鸡粉、胡椒粉、蛋清、葱姜水，加入马蹄粒拌匀，继续摔打至上劲，团成若干狮子头生坯。

2. 取一个盆，倒入温水，将团好的狮子头生坯依次下入，盖上白菜叶，放入蒸车蒸制 30 分钟，捞出，装入容器中，淋入清汤，用枸杞、熟小堂菜点缀，上桌即可。

制作关键

1. 制作银鱼狮子头的时候，葱姜水要分批次加入，这样做出来的银鱼狮子头口感鲜嫩，不会出汁。
2. 蒸制狮子头时上面要覆盖一片白菜叶。
3. 蒸狮子头生坯前放的温水的温度不宜太高。

象形大枣

外皮材料　中筋粉 125 克，红曲米粉 4 克，酵母 1.5 克，糖 5 克，水 65 克
馅料　红豆沙适量
其他材料　黑芝麻、枣把各适量

创新点

这个红枣包很精致且栩栩如生。外部的面皮柔韧筋道，细细咀嚼能感受到其中的香味。内馅更让你有种吃红枣的感觉，但比红枣又多了几分丝滑和面香。

This red date bun is exquisite and lifelike. The outer dough is soft, tender and chewy, allowing diners to savor the fragrance with each bite. The filling gives them the sensation of eating red dates, but with an added smoothness and a hint of floury aroma.

制作过程

1. 将外皮材料混合均匀，揉成一个光滑的面团，然后搓条下剂。
2. 下好的剂子用保鲜膜盖好。取一个剂子，用手微微按扁，包入 5 克红豆沙，团成大枣形。
3. 在顶部放上一粒黑芝麻。底部戳个小洞，留着放枣把，依次做好其他大枣生坯，放入笼屉醒发 15 分钟。
4. 上锅蒸 8 分钟，蒸好的大枣趁热裹锡纸，纹路定型后拿出来放上枣把即可。

制作关键

1. 一开始和面的时候一定要先将糖和酵母用水化开。
2. 大枣蒸好后可以在锅里闷 3 至 5 分钟，防止回缩。

王薪媛

临沂市技师学院中西式面点班学生

赞词

亦有仙家来送春，
酒红涂粉玉肌身。
才从味蕾知何物，
栩栩如生太逼真。

（李正军）

浓汤蒸丸

陈加杰

临沂市技师学院学生

赞词

鸡脯虾仁团做丸，
色分红绿簇春盘。
汤浓味美能留客，
绕席烹鲜足佐餐。

（王小猛）

主料　鸡脯肉 400 克，虾仁 100 克，白萝卜丝 100 克

辅料　木耳粒 20 克，鸡蛋清 30 克

调料　盐 3 克，香葱 5 克，枸杞 1 克，葱姜水 50 克，浓汤 500 克

装饰材料（选用）　绿叶菜、枸杞各适量

创新点

这道菜外观洁白如雪，丸子内部充满浓汤的鲜香，口感筋道。

This dish has a snow-white appearance, with the meatballs filled with rich broth fragrance, offering a chewy texture.

制作过程

1. 将鸡脯肉、虾仁打成蓉，加入木耳粒、部分白萝卜丝搅拌均匀。
2. 放入盐、葱姜水充分搅拌后加入鸡蛋清搅匀，团成球形，裹上剩余的白萝卜丝放到碗里，加入浓汤上蒸车蒸 10 分钟，取出装盘，放上枸杞，用装饰材料装饰即可。

制作关键

鸡脯肉不要打太碎，不然不容易成型。

酱香炒鸡花馍

外皮材料 面粉 400 克，水 200 克，鸡蛋液 30 克，酵母 4 克，白糖 40 克

馅料 炒鸡肉 200 克

其他材料 带字的糯米纸、翻糖膏瓶盖、蛋清各适量

李卫丽

临沂市技师学院面点一体化班教师

创新点

本产品是一款以本地特色炒鸡肉为馅料，用发面皮作外皮的"包子"制品。此面点形状富有特色，既可以做节日菜品，又可作为普通面点食用。

This dish features locally sourced stir-fried chicken as the filling, encased in a dough made from fermented flour, creating a bun-like pastry. The shape is distinctive, making it suitable for festive dishes as well as for everyday consumption.

制作过程

1. 将水、蛋液、酵母、白糖混合，搅拌均匀。
2. 把酵母混合液倒入面粉中揉成光滑的面团。
3. 把炒鸡肉撕成小块。
4. 将面团下剂，包入撕成小块的鸡肉，收口。
5. 把收口的面团整成若干圆柱形，放入酒瓶模具当中。
6. 在温度 30℃、湿度 75% 的环境中醒发 30 分钟。
7. 将醒发后的面团放入蒸车用旺火蒸制 45 分钟，脱模。
8. 在打印好的糯米纸背面抹上消毒好的蛋清，贴在蒸熟的"酒瓶"上面，然后顶上放上翻糖膏瓶盖即成。

制作关键

1. 面团要稍微偏硬一些。
2. 炒鸡肉要去皮、去油脂。
3. 鸡肉撕成小块，不要剁碎。
4. 收口要紧，以防露馅。

赞词

独具心裁君莫猜，
酒瓶原是面包来。
当中鸡肉揉成馅，
熟后花馍摆上台。

（王小猛）

新派蒜香鳜鱼

赞词

姜山入柿衬金黄，
经蒜佐香呈四章。
因有厨家分澹宕，
鳜鱼犹自赋阿房。

（王小猛）

主料 新鲜鳜鱼 1 条

辅料 玉米面适量

调料 大蒜、葱、姜丝、盐、鸡精、胡椒粉、料酒、植物油各适量

装饰材料 雕刻造型、圣女果各适量

创新点

本道菜将地方名菜蒜泥鱼加以改良，选用临沂本地鳜鱼配上新鲜大蒜制作而成。菜品色泽金黄、外酥里嫩、蒜香味浓郁，吃完唇齿留香。

This dish improves upon the local specialty "Garlic Fish" by using local mandarin fish from Linyi, paired with fresh garlic. The dish features a golden color, crispy exterior, and tender interior, with a strong garlic aroma that leaves a lingering fragrance after eating.

制作过程

1. 将新鲜鳜鱼宰杀，洗净，去头、尾，从中间片开，去掉鱼骨改刀成长方形块状，打菱形花刀。
2. 将大蒜打成蒜汁，加入葱、姜丝、料酒、胡椒粉、盐、鸡精，将改好刀的鱼块放在里面腌制 20 分钟。
3. 锅内放油烧至五成热。将腌制好的鳜鱼块捞出吸干水分，均匀地拍上一层玉米面，放入五成热油中用小火慢炸 3 分钟，至表皮酥脆，即可捞出装盘，用装饰材料装饰即可。

制作关键

掌握好炸制的火候。

公维宾

临沂市陶然居大酒店厨师

创新天鹅酥

郑仕美

临沂市鲁南技师学院面点专业教师

主料	中筋面粉 500 克，低筋面粉 500 克，铁棍山药 170 克
辅料	黑可可粉 10 克，鸡蛋 2 个
调料	桂花酱 20 克，白糖 30 克，白芝麻 50 克，猪油 180 克，黄油 120 克，开水、植物油、色素适量
装饰材料	绿草、贝壳、纸垫各适量

创新点

这道菜品高贵典雅，层次分明，活灵活现。馅心采用铁棍山药和桂花酱调制，香甜可口。

This dish is noble and elegant, with distinct layers and a vivid appearance. The filling is made with iron stick yam and osmanthus sauce, offering a fragrant and sweet taste.

制作过程

1. 将部分中筋面粉、白糖、少许猪油、鸡蛋、适量水调成水油面团。取一半水油面团加入黑可可粉调成黑色面团备用。将剩余的中筋面粉用开水做成烫面团。部分烫面团加色素做成带其他颜色的烫面团。
2. 低筋面粉加剩余的猪油和黄油搓成油酥面团。
3. 山药去皮蒸熟，加入桂花酱调成馅心，下剂。用部分黑色烫面团和带其他颜色的烫面团捏制成天鹅头和脖子，放入烤箱烤熟备用。
4. 将剩余的水油面团、剩余的黑色面团、油酥面团、黑色烫面团用排丝酥制皮方法制成酥皮，包入馅心整形，制成天鹅酥身体生坯。
5. 锅入油，油温升至 150℃ 时将生坯炸至成熟，出锅，控油。
6. 冷却后整形，摆盘装饰即可。

制作关键

1. 使用中筋面粉等制成水油面团，低筋面粉加入黄油、猪油等调制成油酥面团，开酥时面筋不易断，酥皮不易碎。
2. 采用双色面团起酥，层次更清晰。

赞词

浮光荡漾黑天鹅，
曲颈轻柔访薜萝。
惭素未能飞食肉，
酥香一味又如何。

（何大伟）

火烈鸟酥

面团材料　中筋面粉 500 克，低筋面粉 500 克，猪油 175 克，黄油 125 克，绵白糖 30 克，鸡蛋 2 个，去皮白芝麻 100 克，火龙果粉 4 克，水适量

馅料　白莲蓉馅适量

其他材料　植物油、面塑架子各适量，黑色色素少许

创新点

整道面点造型逼真。在将传统的排丝酥工艺延伸、细化的基础上，加入了面塑技法，让古老的面塑工艺焕发别样的魅力。

This pastry is vivid in shape. Building on the traditional technique of shredded pastry, it incorporates the dough modeling skills, allowing the ancient art of dough sculpture to take on new charm.

制作过程

1. 将中筋面粉加入水、绵白糖、50 克黄油、1 个鸡蛋做成面团。
2. 取一半面团加入火龙果粉调成红色。
3. 将剩余的黄油、猪油、低筋面粉、1 个鸡蛋调成油酥面团备用。
4. 将白色和粉色面团分成若干份分别包裹油酥面团进行开酥，做成酥皮。
5. 用酥皮包白莲蓉馅，用刀切出羽毛形状，入 130℃油用中小火慢炸，待羽毛散开，提高油温至 150℃炸至酥脆。
6. 将炸好的点心放在用面塑制作的火烈鸟架子上，中间用点心纸隔开。用黑色色素加水画出嘴和眼睛摆出造型即可。

制作关键

1. 开酥的工艺是关键。如果酥层太多容易混酥；酥层太少，点心不够美观。
2. 切羽毛也是关键点之一。切的羽毛太短则易碎，毛太长容易断掉。
3. 炸的时候要将面点生坯倒扣在油锅中炸，火烈鸟羽毛才会向下伸展。

赵开放

临沂市鲁南技师学院烹饪教研室主任

赞词

排丝酥软点颜酡，
境有繁华列玉珂。
火烈鸟儿来送福，
犹夸厨艺唱高歌。

（何大伟）

沂蒙风味炒鸡

王斌

临沂市临沭县农家风味居饭店行政总厨

赞词

风味丰年辣炒鸡，
生涯炊黍更勤藜。
蒙阴技艺走天下，
物土耕桑六合齐。
（王小猛）

主料 公鸡 2800 克

辅料 青螺丝椒 100 克，鸡血少许

调料 小米椒 40 克，姜块（拍好）80 克，葱段 60 克，蒜子 40 克，炒鸡酱料 200 克，八角 5 克，白芷 2 克，干花椒 8 克，干麻椒 5 克，香叶 1 克，开水、鲜花椒、植物油各适量

创新点

沂蒙炒鸡是山东特色风味菜，菜品酱香浓郁，最好是搭配主食食用。本菜品色泽鲜亮、汤汁浓郁，是沂蒙炒鸡的代表性作品。

Yimeng-Style Stir-Fried Chicken is a distinctive dish from Shandong, known for its rich soy sauce flavor, and it is best enjoyed with staple foods. This dish features a bright color and a rich broth, making it a representative of various styles of Yimeng stir-fried chicken.

制作过程

1. 鸡血改刀切成片，温水下锅，小火慢煮 3 分钟，捞出后备用。公鸡剁成块。
2. 起锅烧油，放入拍好的姜块，煸干水分，放入八角、干花椒、干麻椒、白芷、香叶翻炒，放入剁好的鸡块，翻炒，放入炒鸡酱料，煸出酱味，放入开水，小火慢炖 40 分钟。
3. 放入鲜花椒、蒜子、葱段烧 3 分钟，放入青螺丝椒、小米椒、鸡血片，翻炒，收汁，出锅即可。

制作关键

1. 鸡必须是 3 年以上的公鸡，这种鸡炒出来肉质紧密。
2. 做炒鸡要好吃比较关键的点在于酱料。

蜂巢海参

王本军

临沂市技师学院烹饪一体化教师

主料 干海参、虾仁、五花肉、澄粉各适量

配料 猪油、薄荷叶、鱼子酱各适量

调料 料酒、盐、淀粉、黄油、葱、姜、植物油、白糖各适量

创新点

本菜品是以海参为主料制作的一道美食。将原料包裹成型后放入油锅中炸制，使其慢慢变成蜂窝状。本菜品制作中面团的比例以及油温控制尤为重要。

This dish is a delicacy made primarily with sea cucumbers. After being shaped, the ingredients are deep-fried in oil to gradually form a honeycomb texture. The ratio of the dough and the control of oil temperature are particularly important in this process.

制作过程

1. 干海参发制好，放入锅中，加水，加入葱、姜、料酒、盐，汆水，捞出备用。
2. 将澄粉用开水烫熟，加入白糖、黄油、猪油混合均匀备用。
3. 将虾仁去除黑线，拍打成虾胶，加入料酒、盐、白糖、淀粉，放入裱花袋中。
4. 向海参中酿入调好的虾胶，裹上澄粉面团。
5. 油烧至180℃，缓慢放入包裹好的海参，炸至成型后捞出控油。
6. 将鱼子酱、薄荷叶放置在海参上即可。

制作关键

1. 海参预处理时一定要掌握好水温。
2. 烫澄面时一定要用滚烫的水。
3. 炸制海参时，油温一定不要低于180℃。

赞词

海参滋补迥参差，
又见鹅黄赛伯夷。
炸制蜂窝巢哺子，
新装新味劝人知。

（李正军）

干煸辣子鸡

徐佳楠

临沂市工程学校信息部副主任

赞词

板栗干煸辣子鸡，
一篓香色漫东西。
蒜烧玉版谁当剪，
甘脆黄垆费品题。

（李正军）

主料 新鲜小公鸡块 1000 克，板栗肉 150 克

辅料 白芝麻 20 克

调料 酱油 30 克，蚝油 20 克，盐 5 克，料酒 50 克，十三香 5 克，辣椒 100 克，花椒 50 克，麻椒 50 克，桂皮 5 克，香叶 3 克，蒜 50 克，姜片 50 克，香葱段 20 克，葱姜水、植物油各适量

创新点

本菜品在传统辣子鸡的基础上加入了新鲜的板栗，使菜品营养更加丰富，造型更加美观。

As an enhanced version of traditional spicy chicken, this dish incorporates fresh chestnuts to enrich its nutritional value and improve its presentation.

制作过程

1. 将鸡块加入葱姜水、少许料酒腌制。
2. 锅烧热，放入油，放入腌好的鸡块，干煸至呈金黄色，盛出。板栗肉煮熟，烘烤一下。
3. 另起锅，加入少许油，放姜片、蒜，放鸡块翻炒，加入花椒、麻椒、辣椒、板栗肉、桂皮、香叶、十三香翻炒均匀，加入酱油、蚝油、剩余的料酒、盐继续翻炒，最后放入香葱段和白芝麻翻炒出锅装盘。

制作关键

1. 制作干煸辣子鸡一定要使用新鲜的鸡肉。
2. 板栗要经过煮熟、烘烤程序才能出现香甜的口感。

脆皮炸春卷

主料 猪五花肉 250 克，笋丝 250 克，鸡蛋清 8 个

辅料 木耳、粉丝、韭菜、面包糠各适量

调料 葱丝、姜丝、盐、味精、蚝油、普通酱油、老抽、水淀粉、植物油各适量

装饰材料 圣女果、香菜、蘸汁各适量

特点

本菜品选用鸡蛋清摊成蛋皮，加入馅料，卷成卷后挂糊、拍面包糠再炸制而成。菜品造型美观，荤素搭配合理，是老少皆宜的美食。

This dish uses eggs to create egg crepes, which are then filled with a stuffing, rolled up, coated in batter, and deep-fried with breadcrumbs. The presentation is visually appealing, and the combination of meat and vegetables is well-balanced, making it a dish suitable for all ages.

制作过程

1. 将鸡蛋清摊成蛋皮。
2. 将猪五花肉、笋丝、木耳、粉丝、韭菜改刀，加入葱丝、姜丝、盐、味精、蚝油、普通酱油、老抽等调料，炒熟做成馅料。
3. 将馅料卷入蛋皮内。
4. 挂糊，裹面包糠，制成春卷坯。
5. 油温六成热时将春卷坯下入锅中炸熟。
6. 捞出后用装饰材料装饰即可。

制作关键

1. 掌握好卷春卷的手法。
2. 炸制的油温要控制在六成热。

李宪政

东营市东营区职业中等专业学校中餐烹饪专业教师

赞词

花开数朵透金黄，
面染膏油卷肉香。
入味蘸汁添细腻，
外酥里嫩点红妆。

（冯旭）

黄蓝交汇乳酪慕斯

杨淑馨

东营市技师学院学生

赞词

奶油奶酪软香甜，
若水黄蓝着手拈。
入海今从三色里，
一城一事一层帘。

（冯旭）

主料 杧果果蓉 200 克，吉利丁 28.5 克，淡奶油（打发）300 克，玉米糖浆 157.5 克，炼乳 103.5 克，白巧克力液 127.5 克，奶酪 200 克

调料 砂糖 197 克，水 210 克，柠檬汁 20 克，色素适量

创新点

本菜品是一道创新西点，以奶酪和奶油为主料，辅以果胶等制作而成。它的特点是色泽鲜艳，入口绵软香甜。

This dish is an innovative creation made primarily with cheese and cream, complemented by pectin. It features vibrant colors and a soft, sweet flavor.

制作过程

慕斯制作：

1. 奶酪用密封容器加热至稀软。
2. 50 克砂糖、杧果果蓉、柠檬汁混合均匀，加热至糖化开晾凉至 50℃，加入 15 克吉利丁。
3. 淡奶油加入软的奶酪，搅拌至顺滑无颗粒，分次加入步骤 2 的材料中，搅拌均匀，制成慕斯即可。

淋面材料制作：

210 克水、147 克砂糖、糖浆混合均匀，加热至 103℃，晾凉加入炼乳。剩余的吉利丁泡软后加入糖浆混合物中，拌匀，最后加入白巧克力液，分成三部分，其中两部分分别加入黄色和蓝色色素，将三种颜色的材料分别搅打均匀。

淋面：

将淋面材料淋在慕斯上即可。

制作关键

淋面材料制作完成后使用均质机倾斜 45° 搅打均匀。如果有暂时不使用的淋面材料可以用保鲜膜贴面保存即可。

樟树港辣椒烧海参

主料 海参 350 克

调料 花生油 50 克，秘制葱烧汁 80 克，高汤 500 克，葱油适量，樟树港辣椒 120 克，葱段 50 克，葱花少许

搭配材料（选用） 黄河口大米饭 50 克

张安龙

东营市尊客福大餐饮有限责任公司村长家的疙瘩汤菜品总监

创新点

此菜由经典鲁菜"葱烧海参"创新而来。在海参中加入了品质较高的樟树港辣椒一同烧制，做出的菜品的味道和传统的葱烧海参的味道差别很大。

This dish is an innovative take on the traditional classic Shandong cuisine "Braised Sea Cucumber with Scallions". It is prepared by incorporating high-quality Zhangshugang spicy pepper, offering a taste very different from the traditional "Braised Sea Cucumber with Scallions".

制作过程

1. 将海参和辣椒改刀成段。
2. 将辣椒段用葱油炒至断生，放入砂锅内。
3. 将花生油烧热，用小火将葱段炸至呈金黄色，加入葱烧汁、高汤、海参段烧至入味，出锅，放在炒好的辣椒段上。
4. 砂锅放在卡式炉上，将海参段和辣椒段拌匀，烧至入味，撒葱花即可。
5. 可搭配蒸好的米饭食用。

制作关键

1. 海参要烧透至入味。
2. 樟树港辣椒炒至断生即可。

赞词

辣椒提味品奢华，
收汁浓汤佐葱花。
米粒软炊唇齿里，
烧开葱段海之涯。

（冯旭）

檬香鱼跃鱼桥福塔

朱衍泽

东营市东营区职业中等专业学校中餐烹饪专业教师

赞词

叠层若塔秀刀功，
雀跃鱼头到海东。
一举龙门超阙上，
金黄次第仰春风。

（冯旭）

主料　带皮五花肉1000克，小黄花鱼1条（约80克）

辅料　红曲米150克

卤肉调料　绍兴花雕酒200克，盐60克，白糖100克，生抽120克，八角3克，肉豆蔻6克，姜3克，葱5克，橙汁100克

炸鱼调料　植物油、淀粉适量

装饰材料　雕刻造型适量

特点

本菜品选用新鲜的猪五花肉、小黄花鱼，运用精致的刀工和考究的火候制作而成。这道菜动静结合，有较高的艺术水平，达到了色、香、味、形、气、质、养、洁、意融为一体的境界。

This dish is made from fresh upper pork belly and small yellow croakers, prepared with exquisite knife skills and meticulous cooking techniques. Combining both dynamic and static elements, it showcases a high level of artistry and achieves a harmonious integration of color, aroma, flavor, shape, texture, quality, nourishment, tidininess and meaning.

制作过程

1. 五花肉汆水。
2. 用辅料和卤肉调料、水卤制50分钟。
3. 五花肉改刀装盘，浇上卤肉的汤汁。
4. 小黄花改刀，拍淀粉，用植物油炸至定型。
5. 用装饰材料装饰即可。

制作关键

1. 制作宝塔肉要使用肥瘦相间的品质好的五花肉，控制好火候。
2. 黄花鱼选用小一些的。

油爆元宝虾

杨滨滨

东营市东营区职业中等专业学校中餐烹饪专业教师

主料 大虾 300 克
调料 植物油适量
装饰材料 炸牛蒡丝适量

特点

本菜品以新鲜大虾为主料,用油爆汁爆炒而成,香甜脆嫩。

Using fresh shrimps as the main material, this dish is stir-fried with oil-blasted sauce, and tastes sweet and crisp.

制作过程

1. 将大虾清理干净。
2. 将油爆汁烧好。
3. 另起锅,将油烧热。
4. 放入大虾爆炒,放入油爆汁炒均匀,出锅用装饰材料装饰即可。

制作关键

1. 控制好油爆汁的口味。
2. 控制好油温。

赞词

急火红虾着色鲜,
赞声频起到君前。
身披盔甲不从众,
滋味天然出自然。

(冯旭)

黄河口大豆烧海参

耿安康

东营市技师学院教师

主料 俄罗斯密刺海参 150 克，大豆 20 克

辅料 猪腿骨、猪脊骨、鸡架、猪肘子、猪皮、老鸡各适量

调料 鲍鱼酱 10 克，鸡汁 3 克，冰糖 2 克，花雕酒 14 克，蚝油 4 克，鸡粉 3 克，黄豆酱油 10 克，八角 1 个，香叶 2 片，干葱 2 克，香葱 1 克，香菜 1 克，大葱 2 克，大葱葱白 100 克，植物油适量

创新点

本菜品是在鲁菜的传统名菜葱烧海参的基础上加以创新制作的。它以水发海参为主料，辅以大豆制作而成。它的特点是色泽红亮、葱香味浓。海参选用俄罗斯密刺海参，质地柔软，口感香滑。

This dish is an innovative creation based on the classic traditional Shandong cuisine. It features rehydrated sea cucumber as the main ingredient, complemented by wild soybeans. Its characteristics include a bright red color and a strong aroma of scallions. It uses Russian prickly sea cucumbers, which have a soft texture and a smooth taste.

制作过程

1. 将猪腿骨、猪脊骨、鸡架、猪肘子、猪皮、老鸡、水吊成浓汤。
2. 取适量吊好的浓汤，下入鲍鱼酱、鸡汁、冰糖、花雕酒、蚝油、鸡粉、黄豆酱油、八角、香叶、干葱、香葱、香菜、大葱，熬至黏稠备用。
3. 大葱葱白切成寸段。起锅烧油放入葱段，炸至呈金黄色捞出。
4. 另起锅放入 1 勺油，加入第 2 步熬好的汁，放入海参和大豆烧熟，加入炸好的葱段烧至黏稠即可。

制作关键

1. 熬制浓汤是关键。要选用上等新鲜猪腿骨、猪脊骨等熬制成浓汤。
2. 炸制葱油使用葱白部分，小火慢炸。
3. 海参选料极为讲究，要使用俄罗斯密刺参。
4. 小火慢烧，使浓汤慢慢燁进海参里。装盘只能见少量汁。

赞词

浓汤熬制慰人心，
只待杯中酒满斟。
更有葱烧来做伴，
豆香馥郁海之参。

（冯旭）

黄河口松果鱼

邱朋志

东营市技师学院学生

赞词

柳叶鱼儿游曳中，
金丝铸就到龙宫。
东营九派黄河水，
清宴持樽各不同。

（冯旭）

主料　黄河口大鲤鱼 350 克，小黄花鱼适量

调料　橙汁 200 克，白糖 100 克，白醋 130 克，小麦淀粉 150 克，吉士粉 60 克，葱、姜、盐、植物油各适量

装饰材料　炸粉条、松果、花瓣各适量

创新点

本菜品是一道创新菜肴。它以黄河口大鲤鱼为主料辅以秘制酱汁制作而成。它的特点是色泽红亮、鲜嫩酥香、形象逼真。

This dish represents a culinary innovation, primarily featuring large carps sourced from the mouth of the Yellow River, enhanced by a secret sauce. It boasts a vibrant red color and a tender and crispy texture, and is presented in a lifelike manner.

制作过程

1. 将黄河口大鲤鱼治净，剔下两片鱼肉。将鱼肉洗净。
2. 将鱼肉修成两片柳叶形的鱼片，一片 15 厘米长，一片 20 厘米长，然后交叉打上麦穗花刀。
3. 将小黄花鱼的身体切去不用。将头部拍小麦淀粉，备用。
4. 取一盆清水放入葱、姜、盐，加入鱼肉片泡 10 分钟。
5. 将鱼肉片吸干水分，放入吉士粉中，拍匀粉。
6. 起锅烧油，油温五成热时下入拍好粉的鱼肉片、黄花鱼鱼头炸制，呈金黄色时捞出。
7. 起锅放入清水，放入橙汁、白糖、白醋、剩余的小麦淀粉熬制成秘制酱汁。将鱼摆好，淋上酱汁。用装饰材料装饰即可。

制作关键

1. 打麦穗花刀是关键。先将鱼肉修成柳叶形，然后正反交叉打上麦穗花刀。每一刀都切至鱼皮，但不切断。
2. 掌握好油温和时间。炸的鱼软了造型不好看，硬了容易断。

罐焖海鲜全家福

主料 自发海参6只，鲍鱼6只，渤海湾明虾6只，自发素鱼翅100克，自发蹄筋150克，花胶150克，白玉菇200克，鹌鹑蛋6个，西蓝花150克，柠檬15克，枸杞、面粉各适量，上等五花肉片1000克

调料 盐10克，鸡粉8克，鲜鸡油15克，生粉30克，胡萝卜汁10克，味精10克，白糖5克，料酒10克，大红浙醋10克，葱、姜共15克，高汤1000克，植物油适量

韩宝安

东营市东营区王记富老乡亲烤鸭坊（西四路店）厨师长

特点

本菜品使用鲁菜焖的烹调技法制作而成。菜品原材料丰富，美观大气，咸鲜味浓。

The dish is prepared using the braising technique of Shandong cuisine. It boasts a rich array of ingredients, presenting an elegant, impressive appearance. Its flavor is fresh, salty and savory.

制作过程

1. 锅上火，加入海参、鲍鱼、花胶、蹄筋、枸杞、五花肉片、明虾、鹌鹑蛋，加入适量高汤焖制，加柠檬、少许料酒、少许葱、少许姜、盐、味精、鸡粉调味。西蓝花煮熟。
2. 另起锅，加入素鱼翅，加入适量高汤、剩余的葱、剩余的姜、剩余的料酒焖制。
3. 起油锅，将白玉菇炸至呈金黄色，放入容器中垫底。
4. 把第1和第2步制好的海参、鲍鱼等材料装入容器中。
5. 另起锅，锅内倒入剩余的高汤和面粉，加入胡萝卜汁、鲜鸡油、醋、白糖调味，用生粉勾芡，倒入盛器中，用西蓝花围边即可。

制作关键

掌握好焖制海参、鱼翅等材料的火候。

赞词

瓷罐相聚一线牵，
千般饕餮到跟前。
海边自有海之味，
煮就人间五百年。

（冯旭）

黑蒜烧鳗鳞鱼

赞词

鳗鳞鱼嫩熳于春,
品得佳肴有几人。
琥珀深煨红已透,
半随流水半尝新。

（冯旭）

主料 鳗鳞鱼 800 克

调料 猪油 20 克,白糖 6 克,味精 6 克,鸡精 6 克,蚝油 30 克,酱油 20 克,糖色 10 克,胡椒粉 5 克,啤酒 200 克,黑蒜 100 克,八角、葱、姜、蒜、高汤各适量

装饰材料 绿叶菜、花瓣各适量

创新点

本菜品外观大气。鳗鳞鱼口感细嫩,肉质鲜美,入口即化。用黑蒜烹制,使菜品养生效果更佳。

This dish presents an imposing appearance, with the conger eel offering a refined, delicate texture and a fresh, delicious flavor, making it practically melt in your mouth. Prepared with black garlic, it further enhances the dish's health-keeping function.

制作过程

1. 用开水把鳗鳞鱼烫一下,去掉表层的黏液。将内脏取出来,改花刀,切成段。
2. 锅入猪油烧热,放入八角、葱、姜、蒜爆锅,烹入酱油、啤酒、白糖、味精、鸡精、蚝油、糖色、胡椒粉,加入高汤、黑蒜烧 20 分钟以上,汤汁黏稠后装盘出锅,撒绿叶菜和花瓣装饰即可。

制作关键

1. 烧制时间在 20 分钟以上。
2. 成品的颜色不要太深。出锅后要使鱼段保持完整的形状。

王志明

东营市王记富老乡亲海厨海鲜工坊厨师长

东营肴蟹

张安龙

东营市山东尊客福大餐饮有限责任公司村长家的疙瘩汤厨师长

赞词

黄河入海东营口，
大闸蟹生开鲙筵。
已醉村长汤料里，
色香味足是天然。

（郭成峰）

主料 黄河口大闸蟹适量

调料 花雕酒200克，陈皮2克，二锅头30克，美极鲜酱油30克，普通酱油20克，盐2克，蜂蜜100克，冰糖80克，草豆蔻2克，白芷3克，肉豆蔻2克，香叶3克，八角2克，香葱8克，姜片15克，蒜子10克

装饰材料 草绳、绿叶菜、花朵各适量

特点

本菜品是第二届黄河口大闸蟹品鉴会的"头牌创新菜"。它是使用熟醉的烹饪方法，以绍兴十年女儿红和八年陈皮等制作而成的。

This dish is the "signature innovative dish" of the Second Yellow River Mouth Hairy Crab Tasting Event. It is prepared using the "drunken cooking" method, incorporating ten-Year Shaoxing Daughter's Red wine, eight-Year Tangerine Peel and other ingredients.

制作过程

1. 蒸屉上放入适量姜片，将黄河口大闸蟹壳朝下放在姜片上，蒸15分钟，放凉备用。
2. 将各种液体调料调和均匀，倒入锅中烧开，出锅，加入其他调料调和均匀，即成醉汁。
3. 将蒸好的大闸蟹放入醉汁中泡制24个小时，用装饰材料装饰即可。

制作关键

1. 大闸蟹需选用活的，蒸制时要壳朝下，下面放一片姜片。
2. 香辛料不能放在锅里熬制。

乾坤九转大肠

徐云平

东营市东营区职业中等专业学校中餐烹饪专业教师

赞词

厅堂一味大头肠，
此物痴迷列八行。
富贵雕成新熟酒，
或咸或淡待君尝。
（冯旭）

主料 新鲜猪大肠 1 条

辅料 面粉适量

调料 香菜末、白醋、料酒、盐、白糖、葱、姜、蒜、葱末、姜末、蒜末、花椒、八角、桂皮、香叶、蚝油、味精、胡椒粉、肉桂粉、水淀粉、鸡精、植物油、白糖各适量

装饰材料 雕刻造型适量

特点

本菜品为传统鲁菜的创意版本，口味经得起市场考验。本菜品选用新鲜大肠作为主料，使用套肠的方法对传统方法进行改良。成品融酸甜苦辣咸为一身。

This dish is a creative version of traditional Shandong cuisine, with a flavor that appeals to market tastes. It uses fresh pig intestines as the main ingredient and improves upon the traditional method by using the layered intestine technique. The final product combines sweet, sour, bitter, spicy, and salty flavors into one harmonious dish.

制作过程

大肠预处理

新鲜大肠需先用清水浸泡，加盐、面粉等反复揉搓清洗，去除杂质和异味。清洗干净后，进行套肠处理——将大肠切开，将一段套入另一段中，用牙签固定。

烹饪步骤

1. 初步加工

   锅中放适量水，加入大肠和少量料酒，大火煮开后捞出，去除血水和杂质。

2. 卤制大肠

   另起锅，加入清水、姜、葱、蒜、八角、桂皮、香叶、花椒等调料，以及适量盐、料酒，放入大肠，大火煮开后转小火慢炖，直至大肠熟透且入味。

3. 汆水备用

   将卤好的大肠捞出，再次汆水，去除多余的油脂和杂质，然后用牙签固定形状。

4. 炒制

   锅中放适量油，加入白糖，小火炒制糖色，待糖色呈枣红色时，放入大肠快速翻炒上色。加入葱末、姜末、蒜末爆香，随后依次加入白醋、料酒、盐、蚝油等调味料，翻炒均匀。加入适量清水，大火煮开后转小火煨制，煨制期间可再次加入少量白醋提味。

5. 收汁调味

   当汤汁收至浓稠时，加入胡椒粉、味精、鸡精、肉桂粉等调料翻炒均匀，最后用水淀粉勾芡，使汤汁更加浓郁。撒上香菜末增香，出锅装盘，用装饰材料装饰即可。

制作关键

1. 套肠手法。
2. 卤水的调制。

金汤酸味鱼

主料 鳜鱼 1000 克

辅料 南瓜蓉 100 克

配料 盐 15 克，味精 5 克，鸡汁 10 克，白醋 20 克，黄椒酱 10 克，水淀粉适量

创新点

本菜品使用金汤制作鳜鱼，这是一个较为重要的创新点。它色泽鲜亮，味道可口，造型美观。

This dish uses a golden broth to prepare the mandarin fish, which is a significant innovation. It is brightly colored, delicious in taste, and aesthetically pleasing in shape.

制作过程

1. 将鳜鱼宰杀洗净，片成鱼片，用水淀粉上浆。将其他调料和南瓜蓉一起烧制，做成金汤。
2. 将鳜鱼片汆水，捞出，摆入盘中。
3. 浇上调好的金汤即可。

制作关键

制作金汤酸味鱼要选用新鲜的鳜鱼。一定要把鱼片上浆。

王成军

泰安市东平县锦锈里生态酒店厨师长

赞词

鳜鱼味美卧金汤，
鱼片入汤颜色黄。
荐熟方呈开锦绣，
啖余饱罢看琳琅。

（王小猛）

东平湖鱼豆花

刘波

泰安市东平湖大酒店
行政总厨

赞词

鸡汤炖煲老湖鱼，
点蘸豆花涵未疏。
滑嫩鲜香寻醉客，
何如樽俎问相如。
（王小猛）

主料 东平湖花鲢鱼（取肉）1条
辅料 鸡胸肉、菜心、枸杞各适量
调料 老母鸡汤、盐各适量

创新点

东平湖鱼豆花是在鸡豆花的基础上创新制作而成的。本菜品选用东平湖花鲢鱼制作，口感更佳，鲜香滑嫩，营养丰富。

This dish is an innovaton based on chicken douhua, this dish is made using wild spotted silver carp from Dongping Lake, and has a better texture that is fresh, tender and rich in nutrients.

制作过程

1. 把花鲢鱼肉、鸡胸肉分别打成蓉。
2. 锅中加入鸡汤烧开，加入鸡肉蓉，加入盐调味。
3. 加入打好的鱼蓉，待鱼蓉烧成型后装入盛器，放菜心和枸杞烧熟即可。

制作关键

掌握好炖制的火候。

青花椒鱼片

主料 豆腐 500 克，活鱼 1000 克

调料 盐 8 克，味精 5 克，鸡精 5 克，青花椒、小米椒圈、植物油、高汤各适量

张超

泰安市喜良惠大酒店厨师

创新点

用青花椒制作鱼片是本菜品的一个创新点。青彩椒味道浓郁，搭配小米椒等制出的鱼片，口味麻辣，鱼肉鲜香嫩滑。

Using green peppercorns to prepare the fish fillets is an innovative aspect of this dish. The green peppercorns have a strong flavor, and when paired with small chili peppers, the fish fillets have a numbing and spicy taste, with the fish being fresh, fragrant, and tender.

制作过程

1. 将活鱼治净，片成片。豆腐切片。
2. 起锅烧油，将青花椒、小米椒圈炒香，加入高汤，放入豆腐片和鱼片，稍煮，加入盐、味精、鸡精即可。

制作关键

鱼片煮制时间不宜过长。

赞词

滑嫩鲜香有点麻，
青花椒煮隔江花。
清醇只向席间暖，
一樽夔门可寄家。

（王小猛）

金丝银鱼

王成军

泰安市东平县锦锈里生态酒店厨师长

赞词

外酥里嫩裹银鱼，
俗虑冗繁尽释除。
最是金黄归一色，
此心不读五车书。
（王小猛）

主料 银鱼 500 克，面包丝 500 克

配料 蜂蜜芥末酱 25 克，盐、胡椒粉、葱姜水、植物油各适量

装饰材料 绿叶菜、绿果各适量

创新点

此银鱼用面包丝卷起，再炸制，做出的成品外观金黄、外酥里嫩、老少皆宜。

With a golden appearance, this dish is crispy on the outside and tender on the inside, making it suitable for all ages.

制作过程

1. 将银鱼去掉头、尾，用盐、胡椒粉、葱姜水腌制一下。

2. 用面包丝卷上银鱼。起油锅，用四五成热的油将面包丝银鱼炸至成熟。装盘后放蜂蜜芥末酱，用装饰材料装饰即可。

制作关键

炸的时间不能太长了。

馒菁肉丸

主料 五花肉馅、馒菁各适量

辅料 鸡蛋、枸杞、芦笋段各适量

调料 盐、味精、鸡精、胡椒粉、地瓜颗粒淀粉、葱末、姜末、香油、米醋各适量

肖培来

泰安市新泰市万家灯火厨师

创新点

五花肉馅营养丰富，馒菁和芦笋等富含膳食纤维，多种食材搭配，相得益彰。

A balanced combination of meat and vegetables, this dish has a deliciously sour and spicy flavor.

制作过程

1. 将馒菁焯水，切成细末，攥干水分。芦笋段焯熟。
2. 馒菁末中加入五花肉馅，加入盐、味精、鸡精、胡椒粉，加入葱末、姜末，加入鸡蛋，搅拌均匀。
3. 将五花肉混合馅搓成丸子生坯，放入颗粒淀粉，氽熟。
4. 油烧热，加入葱末、姜末炝锅，加入米醋，加入水、盐、味精、鸡精、胡椒粉。
5. 放入丸子生坯、枸杞、芦笋段。
6. 淋入香油，装盘即可。

制作关键

掌握好氽丸子的火候。

赞词

馒菁焯水舞婆娑，
榴籽榴叶拥翠娥。
座上金钿歌一首，
略施铅粉肉丸多。

（张民伟）

石锅猪蹄

主料 猪蹄、地锅饼、洋葱各适量

调料 青花椒、辣椒、麻椒、姜片、花椒、香叶、盐、青尖椒块、红尖椒块、味精、鸡精、秘制辣酱、蚝油、调味酱油、料酒、八角、白芷、植物油各适量

创新点

石锅保温性好,利于长时间保温。猪蹄中放入地锅饼,有菜有饭,突出农家特色且饼吸饱了汤汁更加好吃。

The stone pot has excellent heat retention, making it ideal for keeping food warm for extended periods. The pig trotters are placed with a clay pot pancake, providing both vegetables and rice, highlighting the rustic farmhouse style. The pancake absorbs the broth, making it even more delicious.

制作过程

1. 猪蹄改刀成小块。
2. 锅中加入水,烧开,下猪蹄块、料酒焯水。
3. 锅中加入油烧热,加入姜片、麻椒、花椒、辣椒、八角、白芷、香叶炒香,放入猪蹄块翻炒均匀。加入盐、味精、鸡精、秘制辣酱、蚝油、调味酱油。
4. 倒入高压锅中压制 20 分钟。
5. 在压制好的猪蹄块中加入洋葱、青花椒、青尖椒块和红尖椒块。
6. 洋葱倒入烧热的石锅中,浇少许油,把猪蹄块混合物盛入石锅。
7. 地锅饼放入石锅周围即可。

制作关键

猪蹄选用猪前蹄,口感好、肉多。切成小块更容易入味,

赞词

翻炒猪蹄酱石锅,
花椒提味辣椒多。
餐中香饼解油腻,
已许携壶醉绮罗。
(张民伟)

范元东

泰安市千禧大酒店厨师

胡豆中华鳖

刘波

泰安市东平湖大酒店行政总厨

赞词

甲鱼常备倍争先，
汤底浓稠酸辣咸。
一缶波涛翻日月，
充肠饕餮解人馋。

（张民伟）

主料 东平湖甲鱼1只

辅料 豆腐丝、胡豆、小米、藕粉、豆腐丝、海带丝、花生碎各适量

调味料 葱、姜、花雕酒、盐、胡椒粉、味精、鸡汁、葱花、高汤各适量

创新点

本菜品选用东平湖3年以上的甲鱼制作而成。它裙边肥厚、营养丰富。我们在传统菜的基础上，遍寻古方加以改良，使之更符合现代人的口味和饮食标准。它汤底浓稠，咸辣适口，深受顾客喜爱，成为东平湖宴中不可缺少的一环。

Using wild soft-shelled turtles that are over three years old from Dongping Lake, this dish is known for its thick calipash and rich nutrition. Based on traditional recipes, we have sought out ancient methods to improve the dish, making it more suitable for modern tastes and dietary standards. The broth is thick and savory with a spicy kick, making it a favorite among customers and an essential part of the Dongping Lake banquet.

制作过程

1. 把甲鱼改刀成小块。
2. 将甲鱼块下入凉水锅中加入葱、姜、花雕酒，余水。
3. 甲鱼块余水后放入凉水过凉。
4. 将甲鱼块放入高汤中加入辅料煮熟，加入盐、胡椒粉、味精、鸡汁调味，出锅前加入葱花即可。

制作关键

掌握好煮制的时间。

商埠水晶海参

主料 实心海参 8 只

调料 鸡饭老抽 50 克,蚝油 5 克,调味酱油 3 克,鸡汁 5 克,白糖 10 克,鸡精 5 克,味丹 5 克,浓汤适量

装饰材料 青花椒、红椒末、糖衣山楂、绿叶菜各适量

王保生

淄博市山东知味斋餐饮娱乐有限公司知味斋大饭店厨师长

创新点

南北融合,中西贯通,选材广泛,味型丰富,本味突出,中正平和。此菜是在传统葱烧海参的基础上与当地一种烹饪技法——制作水晶冻的技法相结合制作而成的。将热吃改成凉吃,鲜咸微甜,色泽红亮,质地软糯。

A fusion of northern and southern cuisines, as well as a blend of Chinese and Western styles, this dish features a wide range of ingredients and a rich variety of flavors, with a focus on the original taste. Those ingredients and tastes are balanced and harmonious. Based on the traditional braised sea cucumber with scallions, and combined with a local technique of cooking crystal jelly, this dish is transformed from a hot dish to a cold one. The final product is fresh, slightly sweet, with a bright red color and a soft, sticky texture.

制作过程

1. 海参发好。
2. 煲中放入浓汤。将发好的海参放入汤中,小火煨制 1 小时。
3. 另一个煲中放入浓汤,放入其他调味料,将汤汁熬至浓稠。
4. 用测温枪测第 3 步的浓汤的温度,待温度至 20℃时将海参放入,裹匀汁,取出后冷藏,再裹第二遍汁,放入冰箱冷藏,摆盘,用装饰材料装饰即可。

制作关键

1. 煨制海参的时间要控制好,要保证口感软糯。
2. 挂水晶外衣温度要控制好。

赞词

几上朱红点染中,
鸣珂紫陌又相逢。
勤耕海味筠笼带,
一品一珍沾泽丰。

(李庆涛)

猴头菇酿海参

于纪鹏

淄博市淄博中学餐厅经理

赞词

海参开背酿菌菇，
翡翠平铺犹着襦。
恰似辋川图画里，
一篙朱佩泛江湖。
（李庆涛）

主料　水发海参600克

辅料　黑鱼肉80克，羊肉80克，鱼子酱50克，蛋清20克，水发猴头菇50克

调料　盐3克，味精2克，胡椒粉5克，香油5克，酱油5克，料酒5克，淀粉20克，葱末、姜末、白扒汁各适量

装饰材料　熟油菜、绿叶菜、雕刻造型各适量

创新点

本菜品在海参的基础上加入猴头菇、鲜羊肉、鱼子酱等富有营养的食物，营养更全面。

Based on sea cucumber, this dish incorporates nutritious ingredients such as lion's mane mushroom, fresh mutton, and caviar, making it more nutritionally balanced.

制作过程

1. 将水发海参背部开刀，洗净备用。
2. 将羊肉改刀成小粒，水发猴头菇洗净后改刀成小粒，黑鱼肉剁碎加蛋清、淀粉制成鱼蓉。
3. 起锅放油，油热时放入葱末、姜末炒香，放羊肉粒炒至发白时放酱油、盐、味精、胡椒粉、料酒，放入猴头菇粒翻炒均匀，淋入香油盛出备用。
4. 将炒好的材料放入海参中，上面抹上鱼蓉上笼蒸8分钟取出装盘。
5. 锅中烧开白扒汁浇到海参上，用装饰材料装饰，用鱼子酱点缀即可。

制作关键

1. 海参从背部开刀，洗净。
2. 馅料制作时尽量时间短点，掌握好火候，保证其营养、鲜美口感。
3. 海参蒸制时间不宜过长，保持在8分钟左右即可。

博山炸肉

主料　精肉 500 克

辅料　豆浆 40 克

调料　植物油 1000 克（实用 30 克左右），酱油 30 克，盐 3 克，淀粉 75 克，花椒面 1 克

搭配材料（选用）　花椒面适量

李长友

淄博市齐闻餐饮有限公司
董事长

创新点

这款博山炸肉在普通炸肉的基础上，以豆浆代替水，使炸肉外形更加金黄，口感更加丰富。

Based on regular fried pork, this dish uses soy milk instead of water, resulting in fried pork with a more golden exterior and a richer texture.

制作过程

1. 将肉改刀成长 12 厘米，宽、厚各 1 厘米左右的肉条，漂洗控干，加酱油、盐，腌半小时，再加淀粉和豆浆一块儿拌均匀。
2. 锅内加油，烧至油温四成热时，将肉条下到锅里，确保不粘连在一起。第一次炸至四成熟时捞出。油温在六成热时下锅复炸，炸熟捞出。
3. 趁热撒上花椒面，然后装盘。可搭配花椒面蘸料食用。

制作关键

1. 炸制过程中，火候的控制是关键，尤其是第一遍炸制时，要确保炸至表面色泽金黄鲜亮。
2. 用豆浆代替水，不仅可以丰富炸肉口感，而且使其营养更加丰富，确保炸肉外酥里嫩、鲜香可口。

赞词

豆汁丰盈簇肉香，
还凭火候扮新装。
博山菜系荐清醇，
几度厨家话短长。
（田章红）

汤爆管鲍之交

王保生

济南市东知味斋餐饮娱乐有限公司厨师长

赞词

碗里汤清显至纯，
恰如管鲍日相亲。
双鱼盟会逢知己，
愿濯人间一段尘。
（李庆涛）

主料 长岛活鲍鱼 8 个，鲜笔管鱼 8 条

调料 清汤 2500 克，盐 8 克，味丹 10 克，鸡精 10 克，鸡汁 15 克，花雕酒适量

装饰材料 枸杞、香菜叶各少许

创新点

此菜选用鲍鱼和笔管鱼制作而成。将鲍鱼和笔管鱼分别改刀成龙爪菊和金丝菊形状，紧扣主题。此菜赏心悦目，口味咸鲜，质地脆嫩。

This dish features abalones and needle squids, which are respectively cut into the shapes of dragon claw chrysanthemums and golden silk chrysanthemums. This design closely aligns with the theme, making it visually pleasing. Its flavor is savory and fresh, with a crisp and tender texture.

制作过程

1. 将长岛活鲍鱼放入干净的盛器内，放入适量的盐，放入 50℃的温水，浸泡 30 分钟。
2. 将鲜笔管鱼去除头部、内脏、外膜等。清洗干净，均匀改刀成 3 段。从每段的一边切开，留 4/5 不切断，均匀切成 0.2 厘米宽的梳子花刀。
3. 浸泡好的鲍鱼取肉，洗掉外表的黏液、黑膜，清洗干净，去掉 2/3 的鲍心，去掉嘴部，向尾部平刀片薄片，留 4/5，不要片断。将片好的片依次改成梳子花刀，清洗干净。
4. 锅中放入清水，放入适量的花雕酒，烧至水温 20℃时放入改好刀的鲍鱼，烧至 60℃停火，让鲍鱼在 60℃的水中泡 3 分钟后捞出。将改好刀的笔管鱼放入 90℃的水中烫 30 秒后捞出。
5. 将汆好水的菊花鲍鱼放入盛器内，将汆好水的菊花笔管鱼 3 个一组套好放入盛器内。
6. 将剩余的调料加入清汤中，烧热，分别倒入盛器内，用香菜叶和枸杞点缀即可。

制作关键

汆烫主料的水温是关键点。

齐闻酒焖火锅鸡

主料 大公鸡 1500 克

调料 酱油 50 克，酒 20 克，盐 50 克，糖 5 克，葱、姜共 50 克，八角 5 克，桂皮 5 克，花椒 5 克，山泉水 1500 克

创新点

本菜品将自创的酒焖制作工艺和传统火锅结合在一起。它不仅在最大程度上保留了食材的营养，而且在白酒作用下充分激发出食材的香味，将营养、味道和健康饮食理念完美结合。

This dish combines the newly developed technique of wine-braising with traditional hot pot cooking. It not only maximizes nutrient retention but also fully enhances the natural flavors of the ingredients through the influence of the liquor. This creates a perfect harmony of nutrition, flavor, and healthy eating principles.

制作过程

1. 鸡剁小块，用水泡去血污，葱、姜切块。
2. 高压锅内加山泉水、鸡块、其他调料，高压锅上汽后再压 10 分钟。将所有材料放入铜火锅中炖制，上桌即可。

制作关键

1. 主料以散养大公鸡为宜。
2. 酒是制作该菜品的关键调料。要选用优质高度白酒，才能更好地激发食材的原味。

李长友

淄博市齐闻餐饮有限公司董事长

赞词

散养公鸡焖火锅，
酒香觞咏惠风和。
齐闻焙釜食煨肉，
入味汤浓感慨多。

（李庆涛）

张横爆河蚌

杨栋

济宁市梁山县杏花村文化发展有限公司厨师

赞词

食出梁山蚌内珠，
莫言好汉是凡夫。
张横拿手爆河味，
红绿青黄酒一壶。

（何大伟）

主料 河蚌 2500 克，自制咸肉片 20 克，

调料 青杭椒 50 克，红杭椒 20 克，自制辣椒酱 5 克，生抽 3 克，盐 2 克，蚝油 3 克，植物油适量

装饰材料 松球、花朵、绿叶菜、熟芋头球各适量

创新点

河蚌是比较难以处理的食材。本菜品使用爆的方法快速成菜，成品口感脆嫩。搭配肉片制作，使这道菜味道更丰富。

River clams are relatively difficult to handle as an ingredient. This dish uses a quick stir-frying method to create a finished product with a crispy and tender texture. Pai·red with sliced meat, this dish offers a richer flavor.

制作过程

1. 河蚌取肉，切片。青、红杭椒切条。河蚌壳洗净，汆水，冲净。

2. 将河蚌片汆水备用。锅入油，煸炒两种杭椒条、咸肉片，放辣椒酱、生抽、盐、蚝油调味后下入河蚌肉快速翻炒出锅，盛在河蚌壳内。用装饰材料装饰即可。

制作关键

把握好蚌肉的汆水时间。

微山筒子鱼

主料 活鲫鱼 1400 克

辅料 黄瓜 30 克，鸡蛋皮 20 克，枸杞少许

调料 盐 7 克，胡椒粉 3 克，花椒 4 克，八角 5 克，香油 2 克，水淀粉 30 克，白醋 10 克，葱 50 克，姜 40 克

创新点

本菜品使用鱼骨熬制浓汤，做成的菜口味更加醇厚。

This dish uses fish bones to simmer a rich broth, resulting in a deeper and more mellow flavor.

制作过程

1. 鲫鱼取净肉，骨留用。鱼肉切多个十字花刀。
2. 改刀的鱼肉用少许盐、少许姜腌制 20 分钟。黄瓜、鸡蛋皮切丝备用。
3. 腌制好的鱼肉用水淀粉上浆。锅入水烧开，放入鱼骨用小火熬制成浓汤，加入剩余的盐及胡椒粉、白醋、香油、花椒、八角、剩余的姜、葱，放入鱼肉，开锅后装盘。中间放入黄瓜丝和鸡蛋皮丝，倒入少许汤，放上枸杞即可。

制作关键

鲫鱼鱼小肉嫩，改刀时注意不要切断，余制时注意火候。

王海鹏

济宁市山东能源集团发展服务集团鲁南分公司厨师长

赞词

鱼骨熬汤点菜蔬，
十筒相摆一行书。
清新入口河鲜食，
身外纷华问卷舒。

（李正军）

新派鱼羊鲜

任城

济宁市邹城市择邻山庄有限公司厨务部炒锅主管

赞词

新派鱼羊融做鲜，
汁从石斛起烹煎。
茫茫十盏英雄地，
都是厨家一片天。

（李正军）

主料 鳜鱼 1000 克，山羊肉 150 克

辅料 鲜香菇 30 克，马蹄 20 克，枸杞 5 克

调料 鲜石斛 35 克，香菜 8 克，盐 3 克，鸡精 2 克，鸡汁 3 克，鸡油 5 克

创新点

本菜品是在鱼肉、羊肉中加入石斛汁创造出的一道美味。这种创新的组合不仅让人们重新领略鱼肉和羊肉的滋味，而且还能让人品尝到石斛汁的独特风味。

This dish is a delicious creation that incorporates dendrobium juice into fish and chevon. This innovative combination not only allows diners to rediscover the flavors of fish and chevon but also lets them experience the unique taste of dendrobium juice.

制作过程

1. 将鳜鱼宰杀，改刀成片。
2. 山羊肉剁成肉馅。
3. 鲜香菇、马蹄切成粒。
4. 将羊肉馅、香菇粒、马蹄粒放入盆里加适量盐，拌匀。
5. 把鲜石斛和适量水倒入料理机中榨成汁，倒出，过滤。
6. 把鱼片铺平，酿入羊肉混合馅，卷上，用香菜扎好。
7. 将卷好的鱼肉片放入蒸箱蒸制 15 分钟取出，放入盛器中。
8. 锅上火，倒入石斛汁，加入其他调料，浇入放有鱼肉的盛器中。
9. 点缀上枸杞即可。

制作关键

一定要选用新鲜的鳜鱼。蒸制的时间一定不要太久。

卤味三拼

主料 猪蹄、耳朵、猪头肉各适量

调料 冰糖 20 克，生抽 50 克，老抽 50 克，蚝油 50 克，料酒 50 克，大葱、生姜、盐各适量，香辛料包 1 个

搭配材料（选用） 生菜叶、蒜泥蘸汁各适量

创新点

一盘菜包括了猪头肉、猪蹄、猪耳三种卤味，造型美观，也给食客更多的选择。

This dish includes three types of marinated pork: pig's head meat, pig's trotters and pig's ears. It is beautifully presented and offers diners a variety of choices.

制作过程

1. 起锅烧水，将猪蹄、耳朵和猪头肉放入锅中，煮制时捞出漂的血沫。开锅后捞出，洗净表面的杂质。

2. 锅中放入提前配好的香辛料包及以大葱、生姜和冰糖，然后放入盐、生抽、老抽、蚝油和料酒，大火烧开锅后开小火卤制 70 分钟，捞出，放凉后切片装盘。可搭配生菜叶和蒜泥蘸汁食用。

制作关键

1. 选用新鲜的猪蹄、耳朵和猪头肉。
2. 煮制时一定要捞出表面的血沫。
3. 一定要放凉再切成片。

胡志聪

济宁市泗水县惠康熟食制作技术非遗传承人

赞词

三拼卤味看传承，
切片身家有几层。
烟火寻常同席上，
飞黄腾达祝丰登。

（李正军）

里仁为美

赞词

里仁篇赋待琼筵，
日照祥光慕圣贤。
绿意丛中红灼灼，
诸生负笈听流泉。
（张念军）

主料 秋葵 300 克，虾仁 200 克，猪肥膘 50 克，鲜马蹄 50 克，鸡蛋清、黑鱼各适量，面粉 20 克，鸡蛋 400 克

调料 盐 5 克，鸡精 10 克，味精 5 克，料酒 10 克，淀粉 150 克，色拉油 2000 克，大葱 20 克，姜 20 克

装饰材料 绿叶菜、雕刻造型各适量

创新点

此菜品是在孔府菜酿青椒的基础上创新制作而成的。食材选用尼山水库黑鱼和本地特产秋葵，采用孔府菜酿制的烹调手法精心制作而成。此菜造型美观，外酥里嫩，口感丰富。

This dish is an innovative creation based on the Confucius Family stuffed peppers. The ingredients used are black fish from the Nishan Reservoir and locally grown okra. The dish is carefully prepared using the cooking techniques of Confucius Family. The presentation of this dish is visually appealing, with a crispy exterior and tender interior, creating a rich and complex texture.

制作过程

1. 黑鱼、鲜马蹄切成丁。虾仁拍打成泥。猪肥膘切成丁。大葱、姜切成末。将秋葵切去两端，去籽备用。
2. 将黑鱼丁、马蹄丁、虾仁泥、猪肥膘丁、大葱末和姜末打成蓉，加盐、味精、鸡精、料酒、蛋清搅打至上劲，即成馅料。将馅料放入裱花袋中依次酿入秋葵中。
3. 将淀粉、面粉、鸡蛋调成脆皮糊。锅中倒入色拉油，烧至五成热。将秋葵均匀挂上脆皮糊，下入锅中炸至呈金黄色捞出，改刀装盘，用装饰材料装饰。

制作关键

秋葵大小要均匀，炸制时把控好油温。

东峰

济宁市三孔文化旅游服务有限责任公司厨师长

富贵珊瑚鱼

陶雷

济宁市芳林嫂餐饮百家兴酒店厨师长

赞词

富贵金黄披一身，
中兴祥瑞宴嘉宾。
致思临食方持箸，
同窝青袍待齿唇。

（刘文来）

主料 微山湖草鱼1条（约2500克），柠檬片3片

辅料 橙汁350克

调料 生粉300克，吉士粉200克，植物油适量，白醋50克，白糖150克，盐5克

装饰材料 绿叶菜

创新点

本菜品造型美观大气，口味酸甜适口，非常适合老人、女士、小孩食用。

Beautifully presented, this dish boasts an appealing appearance and a delightful sweet and sour flavor. It is perfect for banquets and suitable for everyone, including childern, women and the elderly.

制作过程

1. 将草鱼宰杀洗净，剔除鱼骨，将鱼肉改刀成长条状，然后把改好刀的鱼肉条放入盛器中，加盐、柠檬片，腌制10分钟。
2. 把腌制好的鱼肉沥干水分，拍上生粉、吉士粉，拍打均匀。
3. 起锅烧油，油温升至六成热，下入拍好粉的鱼肉条，定型后转小火炸制金黄酥脆控油后放入盘中。
4. 另起锅放入少许底油，加入橙汁、白醋、白糖，熬至黏稠，淋入明油，均匀地淋在装好盘的鱼肉上，然后用绿叶菜点缀即可。

制作关键

对刀工的要求很高。鱼肉炸至金黄酥脆。

大嘴柴火鸡

主料 生长一年半以上的土鸡1只（约2000克）

调料 花生油250克，猪大油100克，八角4个，白芷2片，花椒20克，姜片少许，葱少许，麻椒20克，老抽10克，鸡精20克，味精20克，薄皮辣椒丝200克，小米辣50克，蒜50克，开水适量

搭配材料（选用） 熟鲍鱼适量

孔新锋

日照市刘大嘴餐饮有限公司总厨

创新点

本菜品采用日照本地生长周期超过一年半以上的跑山鸡制作。成菜颜色呈枣红色，口味鲜香，肉质弹牙。

This dish is made using local chickens from Rizhao that have a growth cycle of over 1.5 years. The finished product has a date-red color, a fresh and fragrant flavor and a springy texture.

制作过程

1. 土鸡剁成块。将花生油烧热之后，放入猪大油烧热，放入姜片、葱、花椒、八角、薄皮辣椒丝煸香。
2. 煸香之后加入鸡块，翻炒时让鸡肉充分接触到锅，炒至两面金黄时加入开水，放入其他调料。
3. 用中火炖40分钟以上，出锅后可搭配鲍鱼一起装盘。

制作关键

制作大嘴柴火鸡要选择生长周期超过一年半的跑山鸡。在制作过程中，煎至鸡肉呈金黄色时再加入开水炖煮，这样可以使鸡肉充分释放出鲜香味。

赞词

柴火炖鸡起灶炉，
野蔬佐味付庖厨。
鲍鱼同食烹鲜妙，
敢问神仙舌在无。

（梁磊）

冰花卤海参

赞词

四樽参味择深渊，
斫脍烹蒸就釜边。
赐火新温能易物，
愿同衣钵再流传。

（梁磊）

主料 发好的海参适量

调料 美极鲜酱油 30 克，鲜露 20 克，复合酱油 30 克，蔬菜水 10 克，葱姜水适量

装饰材料 苏子叶、三色堇、红椒圈、鱼子酱、碎冰各适量

创新点

采用冷卤的烹饪技法，使鲜辣的滋味渗入海参中。成品辛辣鲜香，入口后能迅速打开食客的食欲且回味悠长。

Using the technique of cold marination, the fresh and spicy flavors are infused into the sea cucumber. The finished product is spicy and fragrant, quickly stimulating the diners' appetite and leaving a lasting aftertaste.

制作过程

1. 将发制好的海参下入凉水锅中，加入葱姜水，煮透，过凉。
2. 将美极鲜酱油、鲜露、复合酱油、蔬菜水调制成冷卤汁。放入熟海参，冷藏 1 小时，取出，稍微改刀。
3. 容器里铺上碎冰，放上海参，用其他装饰材料装饰即可。

制作关键

1. 使用活海参发制，成菜的口感筋道。
2. 采用冷卤的烹饪技法制作，浸泡时间至少要 1 小时。

潘振

日照市碧波大酒店行政总厨

蝴蝶乌鱼蛋汤

丁磊

日照市华美酒店集团有限公司厨政总监

赞词

晶莹剔透浴羹汤，
蝴蝶蹒跚不忍尝。
更有玲珑晨露润，
一瓯清味满庭芳。
（梁磊）

主料　乌鱼蛋片 250 克

辅料　海虾仁 10 克，鸡蛋清 200 克

调料　香菜末 5 克，盐 3 克，白胡椒粉 4 克，酸黄瓜汁 30 克，香油 2 克，清汤 500 克，水淀粉 5 克，香醋 2 克，鸡粉 1 克

装饰材料　虾须、黑豆、红椒条各适量

创新点

这道菜打破传统观念，造型别致，色泽美观，味道醇厚，汤鲜味美，有"辣不见椒、酸不见醋、清香不见油"的特点。

This dish challenges traditional notions with its unique presentation and vibrant colors. The flavor is rich and satisfying, complemented by a fresh and delicious broth. It features a unique balance of flavors, achieving "spiciness without chili, acidity without vinegar, and deliciousness without oil".

制作过程

1. 将鸡蛋清搅打制成高丽糊，海虾仁制成虾胶。
2. 将乌鱼蛋片冲洗净，用开水烫 5 秒。
3. 将高丽糊、虾胶和乌鱼蛋片制作成蝴蝶身体状。
4. 另起锅，锅中加入清汤，放入盐、鸡粉、白胡椒粉、香醋、酸黄瓜汁，煮开后放入"蝴蝶"汆 20 秒，加水淀粉勾芡，淋入香油，放香菜末，用装饰材料装饰即可。

制作关键

用备好的高丽糊、虾胶与乌鱼蛋片制作成蝴蝶身体状，待锅中汤煮开汆 20 秒即可。

海蜇炒肉丝

辛志全

日照市岚山区餐饮行业协会会长

日照市岚山区德润福酒店有限公司总经理

主料 岚山本地海蜇皮 300 克，肉丝 100 克，掐菜 150 克

调料 盐 10 克，鸡精 20 克，老陈醋 50 克，调味酱油 30 克，香菜段 50 克，葱花、蒜末、小米辣、花生油各适量

创新点

海蜇配掐菜，鲜甜爽脆。

This dish uses jellyfish to pair with nipped bean sprouts, creating a fresh, sweet and crisp flavor.

制作过程

1. 海蜇皮切成丝，冲水。掐菜用花生油炒至断生，出锅。
2. 另起锅，烧热花生油，爆香葱花、蒜末、小米辣，煸炒肉丝，烹老陈醋、调味酱油，加入断生的掐菜和海蜇皮丝，加入盐和鸡精，大火爆炒，放入香菜段，出锅即可。

制作关键

1. 掐菜炒至断生即可。
2. 急火快炒，火小容易下汤。

赞词

肉丝海蜇两番生，
急火翻匀断续声。
鲁菜催成新味道，
为君漉酒正堪烹。

（梁磊）

翡翠海参

付贵荣

日照市公社地锅炒鸡厨师长

赞词

盘中莴笋托深情,
绿意油然皆可烹。
佳客海东初上岸,
参家扶杖折钗评。

（梁磊）

主料 海参1只（约220克），莴笋400克

调料 盐5克，芥末油8克，味精5克，白醋10克，料油5克，植物油少许

装饰材料 枸杞、花瓣各少许

创新点

海参新吃法让食客有新体验、新感觉。海参配莴笋，更让人食欲大增。

This dish presents a new way to enjoy sea cucumber, offering diners a fresh experience and sensation. Pairing sea cucumber with asparagus lettuce further stimulates the appetite.

制作过程

1. 将海参改蓑衣刀。温开水中加少许油，将海参放入泡45分钟。
2. 莴笋切丝，泡水。
3. 莴笋丝装盘。泡好的海参切成段，放在莴笋丝上用少许花瓣、枸杞装饰。盐、白醋、味精、芥末油、料油装入小碗中，拌匀，即可和主料上桌。

制作关键

1. 改刀要到位。
2. 水温不能超过75℃。
3. 泡海参的时间不能太短。
4. 温水中加少许油。

鱼子芙蓉牡丹虾

申亚亭

威海市石岛宾馆有限公司 主厨

赞词

芙蓉鱼子牡丹虾，
白玉池中感岁华。
汤液清逾花上露，
磁炉温火可烹霞。

（王一晨）

主料 荣成海捕对虾 6 只，鸡蛋 500 克

辅料 鱼子 50 克，薄荷叶 5 克

调料 清汤 200 克，盐 10 克，鸡精 10 克

创新点

这道菜从营养方面进行创新。此菜特点是造型美观、口味鲜美、老少皆宜。

This dish represents a nutritional innovation. With its visually appealing presentation and delightful flavor, it is designed to please diners of all ages.

制作过程

1. 大虾去壳，留头、尾，清洗干净，打上花刀。
2. 将鸡蛋打散加入盐、鸡精蒸成芙蓉待用。
3. 将虾头、虾尾、改刀好的大虾肉氽熟。
4. 将氽熟的虾头、虾尾、虾球摆在芙蓉上，淋入清汤，点缀鱼子、薄荷叶即可。

制作关键

大虾改刀要均匀一致。芙蓉要滑嫩爽口。

无花果酥饼

刘玉超

威海市石岛宾馆有限公司
面案主管

赞词

金黄酥软待莲开，
相约清醑上月台。
能否心香无伏火，
八仙缭绕到蓬莱。
（王一晨）

主料 面粉 500 克，干无花果 500 克，南瓜泥 150 克

辅料 猪大油 100 克 糯米粉 50 克

调料 热水适量

创新点

用无花果制作的无花果酥饼色泽金黄，外皮细腻酥脆，内瓤软糯甘甜，口感极佳。

The pastries made with figs have a golden color, featuring a delicate and crispy outer skin, while the filling is soft, sticky and sweet, offering an excellent taste experience.

制作过程

1. 将干无花果加热水浸泡，搅拌成泥状。
2. 面粉分两份，一份加南瓜泥、水和成面，另一份面粉加猪大油、糯米粉和成油酥面。两种面团分别下剂子。南瓜面剂子擀成面皮。
3. 用南瓜面皮包油酥剂子擀成薄皮，卷成条状，下剂，擀皮，包入无花果泥，压成饼坯，放入电饼铛中烙至两面金黄、成熟即可。

制作关键

擀制面皮时要用力均匀，防止酥皮破裂影响成品质量。无花果选用干品。

金汤鲈鱼狮子头

王建超

威海市技师学院教师

赞词

一团和气挂金汤，
海产鲈鱼洞府藏。
狮子头中凝白玉，
清风把盏入唇香。
（王一晨）

主料 海鲈鱼肉 1500 克，猪肥肉 200 克

辅料 油菜 100 克，鱼子 50 克

调料 盐 10 克，味精 20 克，白胡椒粉 20 克，色拉油 50 克，清汤 3000 克，金汤 2000 克，葱 50 克，姜 50 克

装饰材料 雕刻造型、红椒末各适量

创新点

本菜品采用胶东特产海鲈鱼制作而成。狮子头色泽洁白，口感嫩滑，宛如白玉，滋味醇厚。汤汁浓而厚实，鲜美而不腻。

This dish is made with the local specialty, sea bass from the Jiaodong region. The lion's head meatballs are pure white in color, with a tender and smooth texture, resembling white jade, and they have a rich flavor. The broth is thick and hearty, delicious yet not greasy.

制作过程

1. 葱、姜拍碎，泡水。
2. 猪肥肉切粒。
3. 鱼肉改刀，部分切成粒，部分斩成鱼蓉。
4. 鱼肉蓉沥干水分。
5. 将肥肉粒、鱼肉蓉、鱼肉粒混合，加入少许盐搅打至上劲。
6. 分多次加入泡葱、姜的水继续搅打至上劲。
7. 加入白胡椒粉、味精、少许色拉油调味。
8. 将搅打好的鱼肉混合物团成丸子生坯。
9. 起锅烧水，加入剩余的盐和剩余的色拉油，汆烫油菜。
10. 另起锅，将清汤倒入锅中，烧开。
11. 将丸子生坯放入汤盆中，倒入清汤。
12. 汤盆放入蒸箱，将丸子蒸熟。
13. 另起锅，将油菜放入金汤中烧开，盛在碗中。
14. 将丸子依次放入金汤中，放上鱼子，用装饰材料装饰即可。

制作关键

1. 搅打狮子头材料时不可把泡葱姜的水一次性全加入。
2. 蒸制狮子头的时间不能太长，否则会导致狮子头肉质发散、发柴。

瑶柱玉带海参盅

张华恩

威海市荣成市华星宾馆有限公司餐食部总监

赞词

瑶柱携参玉带汤，
人间至味在家乡。
席前袅袅抟佳气，
煨制山光与水光。

（王一晨）

主料 压制好的海参 100 克，发好的瑶柱 80 克，冬瓜 100 克，菜心 8 克，海参花适量

辅料 清汤 1000 克，盐 6 克，鸡精 8 克

创新点

这道菜是将鲜海参用高压锅压好后和瑶柱搭配起来再配素菜冬瓜制作而成的。它从造型和口味上改变了以往的传统做法，另外海鲜搭配冬瓜是从营养方面进行创新。此菜的特点是造型美观、汤味鲜美、健康养生。

This dish is made with fresh sea cucumbers that are pressure-cooked and paired with dried scallops, along with the winter melon as a vegetable component. It transforms traditional cooking methods in both presentation and flavor, while the combination of seafood and winter melon represents a nutritional innovation. The dish is characterized by its beautiful appearance, delicious broth and health benefits.

制作过程

1. 将冬瓜用模具切成玉带形状。
2. 把海参和瑶柱用清汤煨入味，捞出备用。
3. 冬瓜带用清汤煨熟捞出。菜心、海参花焯水。
4. 把瑶柱用冬瓜带套住和海参、海参花、盐、鸡精一起放到炖盅里，浇上清汤，点缀菜心即可。

制作关键

1. 海参用高压锅压制 15 分钟。
2. 干瑶柱一定要发透。
3. 海参花洗刷干净，不然会有涩味。

平安水饺

主料 高筋面粉适量，黑豆腐 200 克，黄心大白菜 200 克，

辅料 秘制粉条 150 克，菠菜汁适量

调料 香油 15 克，料油 40 克，味精 2 克，鸡粉 3 克，盐 5 克，葱花 50 克

搭配材料（选用） 各种蘸料适量

翟金平

德州市华屹喜多香出品总监

创新点

本菜品选用平原地区的黄心大白菜和当地有机黑豆腐等制作而成。其特点是面皮筋道、口味咸香、营养丰富。

This dish is made with yellow-heart Chinese cabbage from the plains and local organic black tofu. It features a chewy dough, a savory flavor, and is rich in nutrients.

制作过程

1. 高筋面粉加入菠菜汁和成面团。
2. 黑豆腐、白菜、粉条切丁，加入调料拌均匀。将面团制成饺子皮，包入馅料制成饺子生坯。
3. 包好的水饺生坯入沸水锅煮熟。
4. 搭配蘸料食用即可。

制作关键

必须选用当地卤水黑豆腐。

赞词

豆腐白菜裹里头，
蒜泥葱花辣椒油。
黄心绿意做形状，
水饺平安老德州。

（孟庆峰）

蒜香鱼羊鲍

窦兰德

德州市禹城市明珠大酒店有限责任公司副总经理

赞词

鲜鲍鱼羊脍禹城，
喜看万物寄琼英。
一盘食韵不同色，
喟叹厨家负鼎烹。

（张民伟）

主料 优质淡水鱼 600 克

辅料 山羊肉馅 150 克，胶东活鲍鱼 150 克，有机食用菌末 150 克

调料 自制黄椒酱 25 克，白酱露 6 克，鱼露 6 克，白糖 3 克，盐 5 克，广东米酒 5 克，葱末 10 克，姜末 10 克，大蒜 100 克，植物油适量

创新点

外观生动，雅致大方。食材多样，荤素搭配合理，口感层次丰富。营养丰富，符合现代养生理念。

With a vivid and elegant appearance, this dish features a range of ingredients with a balanced combination of meat and vegetables, offering a rich texture and enhanced nutrition that aligns with modern health concepts.

制作过程

1. 将大蒜制成蒜蓉，取一半用油炸成金蒜蓉。容器中加入黄椒酱、白酱露、白糖、鱼露、剩余蒜蓉、米酒、葱末、姜末调匀，冲入热油制成蒜椒酱备用。淡水鱼取肉，头、尾留用。
2. 将山羊肉馅加入食用菌末，加入盐，铺入盘中垫底。
3. 将处理好的鱼肉和鱼头、鱼尾摆在盘中羊肉馅上，浇上蒜椒酱，蒸至九成熟取出。将鲍鱼洗净，摆在鱼上，放上金蒜蓉，蒸至鲍鱼成熟取出，淋上热油，做好造型即可。

制作关键

1. 严格把控蒸制时间，掌握火候，确保口感。
2. 蒜椒酱的比例要把握好。
3. 选用有机食用菌末。

意境金丝牛肉

主料 鸡蛋4个，牛肉300克，春卷皮5张

辅料 鱼子酱适量

调料 酱油5克，白糖2克，味精2克，辣椒碎50克，香葱碎80克，植物油、香辛料各适量

装饰材料 绿叶菜、花朵各适量

创新点

这道菜酥脆可口，采用中西结合的手法制作而成。

Made using both Chinese and Western culinary techniques, this dish is crispy and delicious.

制作过程

1. 将牛肉用香辛料、酱油和水卤熟。
2. 鸡蛋煎成蛋皮。春卷皮切成丝。
3. 把卤好的牛肉切片，放入白糖、味精、辣椒碎、香葱碎调匀。
4. 将牛肉片用蛋皮卷起，再用春卷丝卷起。
5. 炸至呈金黄色。
6. 改刀，放鱼子酱，用装饰材料装饰即可。

制作关键

在炸制的时候注意油温。

马海龙

德州市润海餐饮有限公司总厨

赞词

牛肉大块来卤香，
过油酥软透金黄。
非缘此物丰衣食，
回味催人去品尝。

（张民伟）

黑醋脆鲈鱼

主料 淡水鲈鱼 1 条

调料 盐 5 克，白糖 100 克，料酒 200 克，烧汁 30 克，柠檬水 300 克，黑醋 200 克，蒜 100 克，香料 250 克，脆炸粉 500 克，植物油适量

装饰材料 胡萝卜、心里美片、薄荷叶各适量

徐亮亮

德州市澳德乐大酒店厨师长

赞词

高升黑醋脆鲈鱼，
身外纷华不羡渠。
堂上分符从肉食，
解随霜叶舞山居。

（魏述军）

创新点

用黑醋制作鲈鱼是本菜品的创新点。本菜品造型奇特，口味和传统菜品有不小的区别。

Using black vinegar to prepare the fresh water bass is an innovative aspect of this dish. It has a unique presentation and its flavor differs significantly from traditional dishes.

制作过程

1. 将鱼用香料、少许盐、柠檬水腌制 2 小时。
2. 把脆炸粉用水和成糊，把鱼挂糊。将油烧至五成热，放入鱼炸至呈金黄色捞出。
3. 另起锅，把剩余的调料熬至黏稠。将汤汁浇到鱼身上，改刀装盘，用装饰材料装饰即可。

制作关键

1. 糊不要太稀，能挂手即可。
2. 控制好油温。

食茱萸酱味牛方

主料 德州优质黄牛肉 1000 克，鲜食茱萸 200 克，胡萝卜 100 克，圆葱 50 克，芹菜 100 克
辅料 鸡蛋适量
调料 味精 10 克，黄豆酱 30 克，生抽 40 克，腐乳 40 克，冰糖 40 克，淀粉 10 克，植物油、盐适量
装饰材料 绿叶菜、樱桃、圣女果、花朵、食茱萸汁各适量

创新点

这道菜加入了食茱萸，味道独特。将传统蒸制工艺改为小火煨制，把牛肉切碎后压制定型，这些技法使肉更滑嫩，原料得到充分利用，让菜品的口味更加独特。

This dish features ailanthus prickly ash, which imparts a unique flavor. The traditional steaming method has been replaced with a slow simmering technique. The beef is minced and pressed into shape, resulting in a smoother and more tender texture. These techniques make full use of the ingredients and contribute to the dish's distinctive taste.

制作过程

1. 将牛肉切块，冲洗净。胡萝卜、圆葱、芹菜切碎和部分鲜食茱萸包入料包中。
2. 将洗好的牛肉块和蔬菜料包放入锅中，加入味精、黄豆酱、生抽、腐乳、冰糖、水，大火烧开，小火煨制 3 小时。
3. 牛肉块捞出切碎，加入鸡蛋、煮牛肉的原汤调匀，压制成型，入冰箱，冷冻 12 小时。
4. 定型好的牛肉改刀成长条状，拍淀粉入八成热的油中炸约 2 分钟捞出。
5. 剩余的鲜食茱萸用开水汆烫。将鲜食茱萸的叶子打成汁，过滤，加剩余的盐调味，小火熬至黏稠，倒在牛条上。用装饰材料装饰即可。

制作关键

1. 选用牛的肋骨肉制作而成。
2. 煨制时一定要小火慢煨。
3. 定型后的牛肉一定在冷冻的状态下改刀。
4. 制作食茱萸酱汁的叶子要鲜嫩，必须过水汆烫使用。

张宁

德州福临居餐饮管理有限公司菜品总监

赞词

鲜食茱萸酱秘方，
鲁西牛肉正开张。
唯求禄厚供厨艺，
醇醉珍肴日月长。

（魏述军）

杏干小排

张伟

德州市贵康餐饮管理有限公司厨师长

赞词

大火自然收老汁，
水纹如毂未差池。
行将点缀来朱笔，
肯借厨家补食饴。
（魏述军）

主料 猪净排骨 500 克

辅料 杏干 20 克

调料 番茄酱 50 克，排骨酱 50 克，冰糖 30 克，白醋 30 克，味极鲜 20 克，蚝油 25 克，葱 10 克，姜 10 克，八角少许，纯净水 750 克，优质淀粉 10 克，植物油适量

装饰材料 花朵、绿叶菜、熟青豆、车厘子罐头各适量

创新点

整道菜品成菜造型美观，寓意"节节高升"。成菜口味酸甜可口，是一道大众喜爱的特色传统名菜。

The finished dish has an attractive shape and symbolizes "steady rise". Featuring a sweet and sour flavor, it is a traditional specialty dish that is popular among the public.

制作过程

1. 将排骨冲水洗净，控干水分，拍淀粉，过油。
2. 油锅烧热，将葱、姜、八角炒制出香味，加入其他调料，烧至上色，入高压锅压制。
3. 压制好的排骨倒入锅中，加入杏干，收完汁即可摆盘。用装饰材料装饰即可。

制作关键

选用优质猪净排。高压锅上汽后再压制 8 分钟，最后大火自然收汁。

葱香莲藕酿虾胶

主料 莲藕300克，虾仁150克
配料 蛋清、芹菜、胡萝卜、干葱头各适量
调料 盐、鸡精、胡椒粉、蒸鱼豉油、姜丁、蒜子、生粉、葱油、盐水各适量
装饰材料 花朵、绿叶菜、熟虾头各适量

创新点

此菜是一道由传统鲁菜改良而来的菜品。整道菜品鲜香浓郁，口感清脆滑嫩。

As an improved version of traditional Shandong cuisine, this dish is rich in flavor, with a fresh aroma and a crisp, tender texture.

制作过程

1. 将莲藕去皮切成薄片。把莲藕片放到盐水中泡20分钟。将虾仁用刀剁成泥，制成虾胶。芹菜、胡萝卜切末。
2. 把虾胶和芹菜末、胡萝卜末混合到一起，加蛋清、生粉、盐、鸡精、胡椒粉调味。
3. 准备好一个砂锅放入干葱头、姜丁、蒜子。在泡软的莲藕上抹上一层生粉，随后挨个放入砂锅中，上面淋上葱油、蒸豆豉油，盖上盖子小火焗8分钟，用装饰材料装饰即可。

制作关键

原料要新鲜。把握好焗制的时间、火候。

王强

德州市临邑县人才公寓厨师

赞词

莲藕虾仁如漆胶，
葱香芹味尚烹庖。
砂锅榻共嘉宾坐，
到此真成管鲍交。

（魏述军）

品宴贡枣

张瑜

德州市贵康餐饮管理有限公司面点师

赞词

栩栩如生不染尘，
枣泥馅料一家春。
当同品宴得新宠，
旅食他乡误此身。

（魏述军）

主料 优质低筋面粉 300 克

辅料 枣泥 30 克，红曲米粉 10 克，可可粉 20 克

调料 白糖 10 克，酵母 3 克，大豆油 10 克，温水适量

创新点

本菜品外观栩栩如生，活灵活现。红枣颜色红亮，象征吉祥，可以用来表达祝福之意。

This dish has a lifelike and vivid appearance. The dates are bright red in color, symbolizing auspiciousness, and are used to express blessings.

制作过程

1. 将红曲米粉、酵母、白糖、大豆油、适量面粉加适量温水充分化开，和成面团，下剂备用。
2. 将可可粉、剩余的面粉混合成面团，搓成细长条，切成 0.5 厘米的小段，烤制 5 分钟，制成枣把，放凉备用。
3. 将枣泥包入醒好的面剂里，用锡纸做出褶皱，上屉蒸熟。
4. 插上枣把，摆盘即可。

制作关键

1. 包枣泥时注意用虎口处向上包拢，去掉多余部分，搓成椭圆形。
2. 用锡纸压褶，从而呈现更加逼真的效果。

麒麟凤尾虾

时树兵

德州市贵康餐饮管理有限公司厨师长

主料 鲜活明虾 8 只，虾蓉 500 克，杏仁 200 克

辅料 鸡蛋清 1 个，苦瓜 1 根

调料 盐 2 克，味精 2 克，葱末 10 克，姜末 10 克，白糖 20 克，白醋 10 克，番茄酱 25 克，植物油适量

装饰材料 花朵、绿叶菜、黑豆各适量

创新点

整道菜品造型美观、色泽金黄，有"鸿运当头"的吉祥寓意。此菜口味酸甜可口且带着虾肉的鲜美，是一道非常受大家欢迎的菜品。

With its visual appeal and golden color, this dish embodies the auspicious meaning of "lucky strike". Its flavor is sweet and sour, complemented by the delicious taste of shrimp, making it a very popular dish among everyone.

制作过程

1. 将大虾洗净，用竹签插好。
2. 将盐、味精、葱末、姜末、蛋清、虾蓉等材料搅拌至上劲。用白糖、白醋、番茄酱、清水调成糖醋汁。
3. 调制好的蛋清混合材料包裹到大虾上，再将杏仁装饰到虾身上，炸至定型、熟透装盘。
4. 淋入调好的糖醋汁，用装饰材料装饰即可。

制作关键

炸制时油温要四成热。

赞词

鸿运当头富贵家，
麒麟凤尾烧鲜虾。
亲朋酒畔堪延誉，
如宴琼林八朵花。

（魏述军）

乳山脆炸肉

王立新

德州市诚泽园管理有限公司
悦城店厨师长

赞词

脆肉金黄共一盘，
两边油饼足清欢。
香杯尽带赐袍绿，
食淡由来可佐餐。

（魏述军）

主料	瘦肉 850 克
辅料	面粉、淀粉、鸡蛋各适量
调料	五香粉 5 克，盐 5 克，蒜末 5 克，鸡精、料酒、生抽、蚝油、植物油各适量
搭配材料（选用）	烙饼、蘸料各适量
装饰材料	黄瓜造型、绿叶菜、花朵各适量

创新点

乳山脆炸肉是一道以里脊肉、鸡蛋为主要食材制作而成的家常菜。炸肉颜色金黄，香味诱人，口感外脆里嫩，香咸可口，受老年人及儿童的喜爱。

Rushan Crispy Fried Pork is a home-style dish made primarily with tenderloin and eggs. The fried pork has a golden color, an enticing aroma, and a texture that is crispy on the outside and tender on the inside. It has a savory flavor that appeals to both the elderly and children.

制作过程

1. 瘦肉切成条，加入五香粉、蒜末、盐、鸡精、料酒、生抽、蚝油抓匀，腌制两小时。
2. 加入面粉、淀粉、鸡蛋、少许水拌匀。
3. 油烧至五成热，肉条下入锅用中小火慢炸至熟，捞出，油温升高后复炸 30 秒捞出控油，用装饰材料装饰。可搭配烙饼和蘸料食用。

制作关键

第一次低油温炸的目的是将肉条炸熟，第二次高油温炸的目的是上色和炸出脆皮。

鱼之乐

主料 马蹄 500 克，虾仁 500 克，莼菜 500 克，青豆 10 克，鲜鸡蛋清 50 克
辅料 澄面 1000 克，火龙果汁 150 克，菠菜汁 150 克
调料 姜米 10 克，清汤 1000 克，盐 5 克，土豆淀粉 500 克，猪油、香油各少许

创新点

此菜是由传统鲁菜状元饺改良而来，在馅料中增加了菠菜汁和火龙果汁，捏制成金鱼状。成品形似金鱼戏水，口感鲜香滑嫩，带有果蔬的清香。

This dish is an improved version of the traditional Shandong cuisine Zhuangyuan Jiaozi. Incorporating spinach juice and dragon fruit juice into the filling, the jiaozi are shaped like goldfish. The presentation resembles goldfish swimming in a stream, with a fresh and tender texture that carries the fragrant essence of fruits and vegetables.

制作过程

1. 将虾仁、马蹄切碎。青豆煮熟。
2. 虾仁碎中加入马蹄碎、姜米搅打至上劲。
3. 加入蛋清、盐、火龙果汁、香油再次搅打至上劲。
4. 澄面和土豆淀粉加入开水揉成面团。
5. 面团揉好后加入少许猪油揉匀。
6. 取一部分面团加入菠菜汁揉搓均匀，擀成长条。部分白色面团下剂子，包住绿色面团剂子。
7. 将两色面团揉成长条，切成剂子，用刀压成饺子皮大小。
8. 剩余的白色面团加入马蹄碎混合馅料捏成金鱼身体状。两色面片制成尾巴状。
9. 将捏好的"金鱼"上锅蒸制 8 分钟。
10. 浇入清汤即可。

制作关键

1. 火龙果汁和菠菜汁的比例要调试好，否则颜色会或深或浅不协调。
2. 捏制金鱼时要注意手指力度。

张宁

德州福临居餐饮管理有限公司菜品总监

赞词

绿柳营中见笔端，
鱼游莲叶最宜观。
充庖春笋食千帙，
栩栩如生不忍餐。

（魏述军）

糖醋黄鱼脯

孙志辉

德州市诚泽园管理有限公司
菜品总监

赞词

糖醋黄鱼食有方，
须知幽兴蓼莪章。
养颜益气多滋补，
一曲南薰白玉堂。
（魏述军）

主料　　黄花鱼适量

糖醋汁材料　　山西陈醋 150 克，生抽王 20 克，白糖 300 克，生粉 15 克，番茄酱 100 克，清水 200 克，蒜 30 克，姜 15 克，鸡粉、葱各适量

其他调料　　植物油适量，盐 5 克

装饰材料　　花朵、绿叶菜、雕刻造型、车厘子各适量

创新点

糖醋黄鱼脯是一道可延年益寿的菜肴。其主要功效是补肾健脑。糖醋黄花鱼对贫血、失眠、头晕、食欲不振及妇女产后体虚有一定的作用。

This is a life-prolonging dish. Its primary function is strengthening kidneys and brains. It is effective for anemia, insomnia, dizziness, loss of appetite, and postpartum weakness in women.

制作过程

1. 黄花鱼洗净，取鱼肉改刀，用盐抹匀，腌制 20 分钟。
2. 葱切成段，姜切成丝，蒜拍扁、切碎，都置入大碗内。
3. 加入山西陈醋、生抽王、白糖、生粉、鸡粉、番茄酱、清水拌匀，调成糖醋汁备用。
4. 烧热油，插入竹筷待其四周冒细泡，放入黄花鱼用大火炸 30 秒，改中火炸 8～10 分钟至呈金黄色，捞起沥干油。
5. 另起锅，将 1 汤匙油烧热，倒入糖醋汁，用铲子顺一个方向搅动，以中火煮至沸腾。
6. 将酱汁淋在炸好的黄花鱼上，用装饰材料装饰即可。

制作关键

1. 要让鱼炸时不易脱皮，可烧热锅后用姜片在锅底抹一遍，再倒油烧热来炸鱼。
2. 可用厨房纸吸干鱼身上的水分，放入锅内油炸时就不会溅起油花。
3. 黄花鱼以大小适中为宜，将其油炸至干、身呈金黄色，吃起来口感更佳。

福禄寿喜

主料 黑米 200 克，红枣 200 克，莲子（去芯）200 克
调料 桂花酱 100 克
装饰材料 胡萝卜片、黄瓜片各适量

创新点

软糯香甜，营养丰富，健康绿色，老少皆宜。

Soft, glutinous and sweet, this dish is nutritious, healthy and green, suitable for all ages.

制作过程

1. 将黑米加水入蒸锅蒸制 40 分钟。
2. 将莲子填入红枣中，放入碗中码好。
3. 将黑米填入碗中，入锅蒸制 10 分钟。
4. 做好造型，淋上桂花酱，用装饰材料装饰即可。

制作关键

莲子芯去掉，不然影响菜品口感。

刘治广

德州市宁津县嘉盛酒店
餐饮部厨师长

赞词

软糯香甜营养丰，
齐将福禄寄春风。
蔗浆寿喜攒金蜜，
啜食清坛岁月红。

（魏述军）

有机黑豆腐酿三鲜

张金帅

德州市华屹喜多香水饺
菜品总监

赞词

五花肉馅置于箱,
豆腐包罗有万方。
一朵虾仁来点缀,
几层青绿九衢香。
（孔德和）

主料 卤水黑豆腐 500 克，青虾仁 10 个左右，五花肉馅 500 克

辅料 香菇丁 50 克，笋丁 50 克

调料 葱丝 10 克，白灼汁 50 克，盐 2 克，味精 5 克，蚝油 10 克，料酒 10 克，香油 5 克，胡椒粉 5 克，植物油适量

创新点

这道菜品造型美观，有立体感。它选用德州本地卤水黑豆腐制作而成，营养价值高，口味鲜嫩爽口，老少皆宜。

With an attractive appearance and a three-dimensional quality, this dish is made with locally sourced brined black tofu from Dezhou, which is highly nutritious and has a fresh, tender and crisp flavor, making it suitable for all ages.

制作过程

1. 卤水黑豆腐切成长 5 厘米、宽 2.5 厘米的长条，去掉内心备用。
2. 肉馅中加入香菇丁、笋丁、盐、味精、胡椒粉、料酒、蚝油、香油拌匀。
3. 将调好的馅酿入豆腐条内，放上虾仁摆好，入蒸箱蒸 10 分钟，取出撒上葱丝。浇上白灼汁，浇热油即可。

制作关键

肉馅选用三七五花肉，用手工切好。

晏府水晶甲鱼冻

主料 甲鱼 1500 克

调料 葱 100 克，姜 100 克，盐 10 克，味精 20 克，老母鸡汤 1000 克

搭配材料 蒜泥蘸料 50 克

装饰材料 芦笋条、雕刻造型各适量

付亮

德州市兄弟旺餐饮集团
清河园总厨

创新点

晏府大厨借鉴水晶冻工艺做法，将 8 年以上的甲鱼与散养 5 年以上老母鸡及多种香料一起蒸制，自然冷却。

出品是肉冻，无骨，客人就餐方便。成品洁白透亮，入口滑爽。

The chef at Yanfu utilizes the crystal jelly-making technique, simmering the turtle aged over eight years with a free-range hen aged over five years and a variety of spices for more than ten hours, allowing it to cool naturally.

The final product is a bone-free meat jelly that is convenient for diners to eat, with a pure white and translucent appearance, offering a smooth texture.

制作过程

1. 甲鱼氽水，煮透、去骨。
2. 将甲鱼的裙边、肉取下。裙边和肉不要弄碎，尽量保证完整。
3. 将甲鱼肉加入鸡汤、盐、味精、葱、姜，和甲鱼盖、裙边一起放入蒸车，蒸 4 小时。甲鱼肉和裙边取出后冷却成型。
4. 将成型的甲鱼冻切好，做好造型，用装饰材料装饰即可。

制作关键

1. 掌握好蒸制时间。
2. 甲鱼需要处理干净，不能有黑膜。

赞词

晏府齐河汇众鲜，
甲鱼调冻吸长川。
水晶一色眠于内，
况复人间有食缘。

（魏述军）

养生珍珠羹

王龙

德州市平原县小江南酒店
厨师

赞词

再睹霓裳雏凤清，
一泓珠润调成羹。
葱姜炝制且樽酒，
软糯养生留大名。
（孔德和）

主料 面粉、鸡蛋液、南瓜泥各适量

辅料 西红柿碎、虾仁、鸡蛋液各适量

调料 高汤、自制葱油、花生油、葱、姜、开水各适量

特点

此菜口感筋道，颜色金黄，软糯香咸，老少皆宜。

With a chewy texture and a golden color, this dish is soft, glutinous and savory, making it suitable for all ages.

制作过程

1. 把主料放入盆中，混合均匀。
2. 放入开水做成疙瘩。
3. 起锅倒入花生油烧热，放入葱、姜炝制。
4. 加入高汤，放入疙瘩及西红柿碎、虾仁，加入鸡蛋液，出锅后放入葱油即成。

制作关键

掌握好制作疙瘩的手法。

姜堂牛尾

主料 牛尾 1000 克，心管段 500 克，牛鞭段 500 克，牛宝块 500 克，牛板筋片 120 克
调料 黄豆酱油、秘制酱料、干辣椒、葱、姜、胡椒粉、高汤各适量
装饰材料 葱花适量

马希旺

德州市齐河县焦庙镇姜堂村烹饪主厨

创新点

这道菜使用了牛尾、心管等多种材料，成品有丰富的口感。这道菜使用的秘制酱料是其创新点。

This dish uses a variety of ingredients, including oxtail and heart tubes, resulting in a rich texture. The secret sauce used in this dish is its innovative highlight.

制作过程

1. 对牛尾进行分割，切成块，清洗。用流动的自来水冲洗牛尾块 2 小时，把牛尾块中的血水冲洗干净。
2. 将牛尾块捞出控干水分。凉水下锅，将牛尾块氽水，捞出。将牛尾块放入大锅中加入所有调料熬制 3 小时。
3. 锅中加入其他主料一起煮，煮熟后出锅，加入葱花装饰即可。

制作关键

要将主料处理干净，刀工要精细。

赞词

姜堂牛尾出齐河，
益气补中纵斧柯。
五百浓汤烹绮陌，
杯盘廨舍慰蹉跎。
（孔德和）

金汤八宝布袋鸡

魏宪华

德州市鸿熙居布袋鸡
行政总厨

赞词

夏津布袋一盘鸡，
幻化金汤八宝栖。
美食其中分炮制，
黄扉膏泽自封题。

（孔德和）

主料	黑爪鸡 1 只
辅料	海参 50 克，鲍鱼 80 克，玉米片少许，鱼肚 50 克，鱼唇 50 克，羊肚菌 30 克，猴头菇 30 克，姬松茸 30 克，竹荪 20 克，木耳 30 克，干贝 30 克，桑椹 20 克，枸杞 20 克，南瓜汁 100 克
调料	盐 50 克，糖 50 克，鸡汁 50 克，花雕酒 50 克，葱末 100 克，蒜末 30 克，姜末 100 克，清汤、酱油、蜂蜜水、花生油各适量
装饰材料	枸杞、绿叶菜各适量

创新点

布袋鸡是山东省夏津县的地方传统名吃。它以肉软嫩、馅清香、味美不腻而闻名。鸡肉呈淡红色，软嫩而细腻，清香扑鼻。

Eight-Treasure Bag Chicken is a traditional local delicacy from Xiajin County, Shandong Province. It is renowned for its soft and tender interior, fragrant filling, and delicious yet not greasy taste. The chicken meat is a light red color, soft and delicate in texture, emitting a refreshing aroma.

制作过程

1. 将鸡身整只去骨，做成原鸡形，切去翅梢、嘴尖、爪尖。
2. 将鲍鱼、干贝、海参切成小丁，用沸水汆过。炒锅内放入花生油，中火烧至四成热时，放葱末、姜末、三种丁煸炒后，再放入其他辅料、盐、花雕酒，煸炒后盛入碗内，再从鸡颈刀口处装入鸡肚内，即成"布袋鸡"生坯。
3. 用 10 厘米左右的竹针将鸡颈刀口封住。将花生油倒入锅内，旺火烧至七成热时，将"布袋鸡"生坯用蜂蜜水刷过，放入油内炸。待皮面呈淡金色时，用小铲翻转拨动炸 2 分钟捞出，盛入大碗内（腹朝下），加入清汤、糖、鸡汁入笼蒸热取出，将鸡放入盘内（腹朝上）。
4. 将蒸鸡的原汤盛入炒勺内，再放入酱油，用枸杞、绿叶菜放在鸡嘴里装饰即成。

制作关键

1. 掌握好鸡的剔骨工艺。
2. 本菜品对食材的新鲜度有严格的要求。
3. 掌握好炸制的火候。

人参虫草牛骨汤

主料 牛脊骨 500 克

配料 红枣 10 克，淮山药 10 克，虫草花 5 克，百合 10 克，莲子 10 克，枸杞 5 克，人参 10 克

调料 开水、盐各适量

陈金达

德州市禹城市禹城味道负责人

创新点

使用虫草和人参制作此汤，使汤富含营养。在汤中加入百合等食材使味道更丰富。

This soup is made with cordyceps and ginseng, making it rich in nutrients. Adding ingredients like lily bulbs enhances the flavor.

制作关键

汤煮好后加盐更鲜。

制作过程

1. 把配料放入容器中，倒入清水中浸泡。
2. 把牛脊骨放入锅中汆水，捞出备用。
3. 锅中倒入开水，放入牛脊骨烧热，煮 15 分钟后加入配料，焖 10 分钟左右，加入盐即可。

赞词

虫草人参牛骨汤，
盈光甘澈亦何妨。
食材俱是青云器，
试揖浮丘共此觞。

（孔德和）

龙虾汤佐四季狮头

张军

德州市陵城宾馆厨师

主料 深海小青龙 350 克，精五花肉 200 克，笋片适量

辅料 蛋黄 100 克，蛋清 100 克，蟹粉 80 克，松茸 30 克，牛奶 100 克，枸杞少许

调料 葱 20 克，姜末 20 克，黄酒 50 克，盐适量

创新点

本菜品选用春笋、蟹粉、松茸等制作而成，口感丰富，营养全面。

Made with spring bamboo shoots, crab meat, and matsutake mushrooms, this dish has a rich texture and comprehensive nutritional value.

制作过程

1. 将五花肉切成丁。
2. 肉丁加入姜末、蟹粉、黄酒，搅拌均匀至上劲，做成大小一致的狮子头生坯。
3. 将做好的狮子头生坯放入蒸箱，蒸 6～8 小时。
4. 将小青龙取肉，放入热水中烫熟。
5. 将取完肉的龙虾身熬制半小时，做成龙虾汤。
6. 将烫好的虾肉放入龙虾汤，放入蛋黄、蛋清、松茸、牛奶、笋片炖制。
7. 将狮子头放入炖好的汤中，点缀枸杞即可。

制作关键

蒸制狮子头的时间要把握好。

赞词

汤煮龙虾狮子头，
八瓯浓汁尽封侯。
若饥啖食谁青眼，
四季风光共一篓。

（孟庆峰）

鸾凤下蛋

刘明振

聊城市东昌府区义安成鲁菜馆总店行政总厨

赞词

鸾凤传闻久未尝，
怎教为帝与为王。
蛰龙如屈琉璃碗，
布袋鸡中有蛋藏。
（孟庆峰）

主料 活雏鸡 1 只（约 750 克）

配料 笋 30 克，平菇 50 克，杏鲍菇 30 克，香菇 10 克，熟鸡蛋（去皮）适量

调料 盐 5 克，料酒 1 克，葱 5 克，姜 5 克，高汤 200 克，色拉油 5 克

装饰材料 熟香菇、熟油菜各适量

创新点

鸾凤下蛋又称鲁西布袋鸡。这道菜创意十足，味道浓香。

Phoenix Laying Eggs, also known as Western Shandong Bag Chicken, is a highly creative dish with a rich and fragrant flavor.

制作过程

1. 将鸡整只脱骨。
2. 将笋、平菇、杏鲍菇、香菇切成丁。炒锅中放入色拉油，用葱、姜炝锅，放入笋丁、平菇丁、杏鲍菇丁、香菇丁，加盐煸炒，装入鸡腹内。鸡腹下部放入煮熟的去皮的鸡蛋。
3. 装好馅的鸡下入锅用热水过一下。加高汤，放入盛器内蒸 1 小时，取出，放入熟油菜、熟香菇即可。

制作关键

制作时取用整鸡脱骨法制成"布袋鸡"生坯。

阿胶雪梨丸

主料 梨 500 克，阿胶枣 10 颗，面包糠 1 包，鸡蛋液适量
调料 玉米淀粉、植物油各适量，白糖 30 克

创新点

本菜品香甜可口，加入阿胶枣后入口胶香浓郁。

This dish is sweet and delicious, and the addition of Ejiao dates provides a rich gelatinous flavor.

制作过程

1. 梨去皮，切丝，用白糖腌制。
2. 团成球状，里面放阿胶枣。
3. 拍玉米淀粉，蘸鸡蛋液，滚面包糠。
4. 入油锅中炸至表面呈金黄色即可。

制作关键

油温控制在 150℃ 左右。

刘志

聊城市东阿阿胶文化酒店烹饪师

赞词

梨丸滋补枕阿胶，
硕果垂枝犹挂巢。
点检花中诗几首，
清斋食却探厨庖。

（郝大军）

九转芦笋小排

郭桂祥

聊城市雀城小镇总经理

赞词

芦笋尖尖煎小排，
浮生归赴老情怀。
黄金细碎如攒缬，
醉里同消一股钗。

（郝大军）

主料 排骨 500 克，芦笋 200 克

调料 冰糖 50 克，白醋 20 克，香料面 1 克，盐 5 克，味精 3 克，调色汁 20 克，八角 3 克，花椒 3 克，辣椒 2 克，葱片、姜片、植物油各适量

创新点

九转芦笋小排是在九转大肠的启发下制作而成的。排骨搭配芦笋营养更丰富，更适合妇女、儿童的口味。

This dish is inspired by Braised Intestines in Brown Sauce. When paired with asparagus, baby back ribs become more nutritious and appealing to women and children.

制作过程

1. 将排骨剁成寸段。芦笋取下笋尖。笋段和笋尖都留用。葱、姜切片。
2. 排骨段、笋尖汆熟。
3. 排骨段放入高压锅中，加入葱片、姜片、盐、味精、八角、花椒、辣椒、调色汁，压 5 分钟。排骨段取出骨头，插入芦笋段。
4. 锅中烧油，油六成热时下入排骨肉炸一下。另起锅，加入水、白醋、冰糖、香料面，下排骨肉，烧至黏稠出锅。
5. 拿筷子，取出芦笋段，插入笋尖装饰即可。

制作关键

排骨一定要选肋排，大小要一致。

一品烧鸡方

主料 传统烧鸡 1 只（约 750 克）

调料 老鸡汤适量，盐 10 克，味精 10 克

装饰材料 糖珠、花朵、绿叶菜各适量

孙允来

聊城市渝新餐饮行政总厨

创新点

怀香村孙氏烧鸡是采用老字号怀香村饭馆的手艺制作而成的，具有多种养生功效，且香味浓郁，熟烂离骨，肥而不腻，烂而不散。

Sun' Roast Chicken of Huaixiang Village is made using the traditional techniques of the renowned Huaixiang Village restaurant. It boasts various health benefits, with a rich aroma, tender meat that falls off the bone, and a balance of richness without being greasy, while remaining soft and intact.

制作过程

1. 将烧鸡去骨，鸡肉撕成条状。鸡皮朝下摆入容器内。将鸡汤加入盐、味精，倒入摆好的烧鸡肉条里面。
2. 冷却后冷藏半小时，取出改刀装盘，用装饰材料装饰即可。

制作关键

把鸡汤的味道调好。

赞词

怀香村馆孙家味，
群玉盘山烩食方。
身段如今堪正直，
一颜一色孕金黄。

（郝大军）

黑椒鱼方

丁希林

聊城市开发区甲鱼海参府店 厨师

赞词

黑椒入味配鱼方,
身段持家软糯香。
尽显眸中鸾凤色,
青蔬几勺共庭堂。
（郝大军）

主料　胶东深海鱼肉 500 克

辅料　鲍芹粒 20 克，柠檬汁 50 克

调料　自制黑椒汁 50 克，盐 10 克，味精 15 克，鸡精 15 克，料油 30 克，水淀粉 50 克，姜片 15 克，香葱段 15 克，清汤、鸡饭老抽、植物油各适量

创新点

本菜品选用胶东半岛的优质海鱼制作而成。加入了柠檬汁与黑椒，运用传统鲁菜烹饪技法，使成菜更有特点。成菜特点是软糯鲜香。

This dish is made with high-quality sea fish from the Jiaodong Peninsula. It incorporates lemon juice and black pepper, utilizing traditional Shandong cooking techniques to enhance its unique characteristics. The finished dish is soft, glutinous, tender and fragrant.

制作过程

1. 将深海鱼肉去皮，制净，改刀成 8 厘米见方的块，冲水 10 分钟。
2. 用毛巾将鱼肉吸干水，加入香葱段、姜片、柠檬汁、少许盐、少许味精码入底味，用少许水淀粉上好浆，上笼蒸 15 分钟后放入准备好的餐具内。
3. 鲍芹粒加油、少许盐焯水待用。
4. 锅入底油，下入黑椒汁，加入清汤，用剩余的盐、剩余的味精、鸡精、鸡饭老抽调味，用剩余的水淀粉勾芡，淋入料油，把做好的汤汁淋在蒸好的鱼肉上，在上面撒上鲍芹粒即可。

制作关键

码味上浆使鱼肉入好底味。上浆能更好地锁住香味及水分。

金丝财鱼

刘雪童

聊城市饭店烹饪协会经理

主料 东昌湖黑鱼肉 50 克，本地红薯 400 克

调料 盐 15 克，花雕酒 10 克，味精 10 克，胡椒粉 10 克，脆炸粉 200 克，沙拉酱 100 克，葱、姜、植物油各适量

创新点

这道菜品外观精美。它是用红薯丝缠绕而成，刀工细致。本菜品有招财进宝的美好寓意，成菜外香脆内鲜美。

This dish is beautifully presented, crafted with delicate sweet potato strands. The main ingredients carry the auspicious meaning of attracting wealth and good fortune. The finished product boasts a crispy and delicious exterior and a delightfully fresh interior.

制作过程

1. 将红薯洗净去皮，切成细丝，冲水备用。
2. 把黑鱼肉改刀成条状，用葱、姜、花雕酒、盐、味精、胡椒粉腌制。
3. 锅中加入油烧至三四成热，下入红薯丝炸至酥脆捞出，放在吸油纸上。
4. 锅内油温烧至五六成热，把腌制好的鱼肉条裹脆炸粉下入锅中炸至成熟捞出，裹上沙拉酱，再裹上炸好的红薯丝装盘即可。

制作关键

炸制红薯丝的时候一定注意控好油温，不要炸制时间太长。

赞词

金丝呈瑞伴财鱼，
云外鸿飞且曳裾。
六朵瑶琪依圆树，
何妨托钵煮新蔬。

（郝大军）

板栗南瓜烧排骨

主料 排骨 500 克，板栗南瓜 200 克

调料 蚝油 30 克，排骨酱 30 克，味极鲜酱油 25 克，花雕酒 25 克，盐 2 克，白糖 30 克，高汤 1500 克，葱 25 克，姜 25 克，八角 2 个，植物油适量

装饰材料 花朵、食用金丝、红椒圈各适量

赞词

板栗南瓜烧肋排，
青云高步踏金阶。
静居怎可食无肉，
翘楚身家堪慰怀。

（郝大军）

创新点

这道菜是在传统的红烧排骨的基础上改良制作而成的。排骨搭配香甜软糯的板栗南瓜，使成品视觉上更有冲击力，吃起来营养搭配更加均衡。

This dish is an improved version of the traditional braised pork ribs. The ribs are paired with sweet and soft chestnut pumpkin, making it a more visually striking and more balanced in nutrition.

制作过程

1. 将排骨剁成 4 厘米长的段，氽水。净锅入底油放入八角、葱、姜煸炒至呈金黄色，下入排骨段煸炒 1 分钟，依次下入除高汤外的剩余的调料，加入高汤，用小火炖半小时后用大火收汁。
2. 将板栗南瓜切成三角块入蒸锅蒸制 15 分钟。
3. 将蒸好的板栗南瓜均匀地摆入盘中，将炖好的排骨段放在板栗南瓜上，用装饰材料装饰即可。

制作关键

1. 制作这道菜品，需要使用净排骨，这样烧出来的菜品口感更加饱满多汁，入味更加均衡。
2. 板栗南瓜选用当季产的更加软糯可口。

李晓申

聊城市润荷苑商务酒店行政总厨

千丝驴肉

刘令彪

聊城市运河文化餐饮有限公司运河会馆副厨师长

赞词

千丝驴肉炸金黄，
能束香酥劝把觞。
国色初逢炉炭火，
一身一段启新妆。

（郝大军）

主料 面包丝 200 克，五香驴肉 150 克，鸡蛋 2 个

调料 盐 5 克，水淀粉 10 克，植物油适量

装饰材料 绿叶菜、花朵各适量

创新点

这道菜用面包丝包裹，酥脆的口感可保持较长时间，外观漂亮，香酥可口，外酥里内，营养丰富。

This dish is wrapped in shredded bread, which maintains its crispiness for a longer time. With an attractive appearance, it is fragrant, delicious and nutritious, featuring a crispy exterior and a tender interior.

制作过程

1. 在鸡蛋中加入盐、水淀粉，烙成鸡蛋皮。
2. 把五香驴肉切成丝，放入做好的鸡蛋皮内卷成卷。
3. 把面包丝均匀地包裹在鸡蛋卷外面。
4. 把卷好的千丝驴肉卷先放入漏勺里浇热油再下入五成热的油内，炸至外表呈金黄色，改刀装盘，用装饰材料装饰即可。

制作关键

1. 鸡蛋皮卷驴肉丝的时候一定要卷紧。
2. 驴肉卷下油锅前需要先放入漏勺里浇热油。
3. 炸的时候油温不要过高，控制在五成热以下。

桃花虾配双色鱼卷

刘文宁

聊城市东昌御府餐饮文化有限公司厨师长

主料 鲜草鱼肉 300 克，大虾仁 150 克

辅料 青椒皮 50 克，海苔 6 张，南瓜蓉 50 克，鸡蛋清 2 个，橙汁 30 克

调料 盐 15 克，味精 5 克，鸡精 10 克，白糖 40 克，白醋 5 克，姜汁、葱、水淀粉、淀粉、高汤、植物油各适量

装饰材料 圣女果 1 个

创新点

此菜采用东昌湖大草鱼制成鱼胶，卷成双色鱼卷，然后用大虾仁做成的桃花点缀。此菜色泽艳丽，真实性强。在菜品制作的工艺上突出了实用性和美观性。

This dish uses large grass carps from Dongchang Lake to make minced fish. Rolled into two-colored fish rolls, which are adorned with shrimps made into peach blossom shape. The dish is vibrant in color and true to life, showcasing its practicality and aesthetic appeal through the craftsmanship involved in its preparation.

制作过程

1. 先将鱼肉剁成鱼胶加入葱、姜汁、少许盐、少许味精、鸡精、少许鸡蛋清、水淀粉搅拌均匀，将一半鱼胶抹在海苔上卷成鱼卷。
2. 将一半鱼胶加入南瓜蓉，抹在海苔上卷成鱼卷。将两种鱼卷上笼蒸 5 分钟，取出，切成片状。分别摆放在碗的两侧做成鸳鸯形，加入高汤上笼蒸 15 分钟取出。
3. 大虾仁顺长片 4 刀片成桃花形，放入盆中加剩余的盐、剩余的蛋清、淀粉，滑油，取出。另起锅加入底油放入橙汁、白醋、白糖做成糖醋汁，一部分浇在虾上。用青椒皮刻成叶。
4. 取大盘将蒸好的鱼卷扣入盘内浇上剩余的糖醋汁，将青椒皮刻成的花叶摆在四周，放上虾仁，用圣女果装饰即可。

制作关键

1. 此菜以蒸、炒的烹调方法为主。
2. 鱼肉用刀背制成泥，剔去鱼刺和筋膜，反复多次剁成鱼胶。
3. 大虾仁取前段去虾线然后用刀片成数片。

赞词

鱼胶鱼卷两相宜，
拱月堆层排玉姿。
虾配桃花成一味，
大鹏自合凤栖枝。

（郝大军）

卢俊义麒麟玉书鱼

王全山

聊城市阳谷县狮子楼大酒店
厨师长

赞词

大名府上玉麒麟，
啸聚梁山摆紫宸。
多少食材宽物力，
锦书一段尽奇珍。
（郝大军）

主料 淡水鲈鱼1条，纯牛奶200克

调料 料酒30克，葱段100克，姜片60克，秘制牛肉汁260克，玉米淀粉200克，吉士粉200克，盐9克，味精6克，鸡精5克，青豆10克，植物油适量

装饰材料 花朵、绿叶菜各适量

创新点

此菜选用淡水鲈鱼炸制而成，形似麒麟，得名麒麟玉书鱼。菜品突显麒麟形象，象征着吉祥、和平、盛世。此菜注重构思，营造当时英雄聚义的场景，充分体现了英雄好汉之气概！此菜构思巧妙，营养丰富，味道醇厚，造型逼真栩栩如生。特点是色泽金黄，口感外酥里嫩，原料搭配合理，营养均衡，颜色层次分明，寓意深远。

Featuring freshwater bass and shaped like a kylin, this dish is named "Kylin and Jade Book Fish". It symbolizes auspiciousness, peace and prosperity through the image of kylin. The conception uses the freshwater bass to recreate the scene of heroes gathering, fully embodying the spirit of heroic figures. The dish is characterized by its clever design, rich nutrition, robust flavor, and lifelike presentation. It features a golden color, with a crispy exterior and tender interior. The ingredients are well-balanced in nutrition, with distinct layers of color and profound meaning.

制作过程

1. 将鲈鱼宰杀，去内脏，保留鳞片。
2. 把鲈鱼片开，去骨，去刺。
3. 把鱼肉用刀切成长4厘米、宽2厘米、厚约1厘米的骨牌块。
4. 切好的鱼块用清水清洗5分钟。
5. 将鱼块控干水分加入葱段、姜片。加入料酒、盐、鸡精、味精拌匀，再加入牛奶腌制20分钟。
6. 将淀粉和吉士粉混合在一起拌匀。
7. 捡出腌制入味的鱼块，拍匀混合好的粉。
8. 起锅放宽油烧至七成热，下入拍好粉的鱼块炸至外酥里嫩，捞出控油。牛肉汁烧热。青豆氽熟。
9. 盘底铺上加热好的牛肉汁把鱼块摆入盘中，用氽好的青豆点缀，用装饰材料装饰即可。

制作关键

1. 一定要选用活鱼制作。
2. 炸制的时候油温要控制好。

聊城 203

运河葫芦鸽

刘明振

聊城市东昌府区义安成鲁菜馆总店行政总厨

赞词

笋丝乳鸽做云蒸，
寓意葫芦最上层。
摆出嘉禾携硕果，
相随头尾尽丰登。
（张民伟）

主料 乳鸽适量

辅料 笋丝适量

作料 盐 7 克，味精 2 克，料酒 5 克，胡椒粉 2 克，高汤 750 克

创新点

本菜品借鉴葫芦鸡的手法制作而成，加入高汤蒸制，减少了油腻感。本菜品形态优美，肥而不腻。

This dish is inspired by the technique used in making gourd chicken, incorporating broth for steaming to reduce greasiness. The dish has an elegant presentation and is rich yet not oily.

制作过程

1. 将乳鸽用整只脱骨法剔骨，洗净待用。
2. 笋丝加入盐、味精调味。
3. 将鸽子翅膀拉到腹腔里，在腹腔里填入笋丝，制成上小下大的葫芦形。将葫芦鸽生坯在开水锅中略浸一下，捞出，搌干水分。
4. 加入高汤、料酒、胡椒粉蒸 1 小时。
5. 将鸽子和汤放在盛器里即可。

制作关键

将鸽子制成葫芦形是本菜的制作关键。

老公鸡

主料 本地散养 3 年以上老公鸡 1 只

调料 秘制酱料、香菜、葱、姜、蒜、干红辣椒段、香辛料、植物油各适量，本地薄皮辣椒块 300 克

创新点

相较于大多数的枣庄辣子鸡，这道菜对鸡的要求更加严格。成品肉质紧实有嚼劲，香中带辣，辣中带香。

Compared to most Zaozhuang spicy chicken dishes, this dish has a strict standard for chicken selection. The finished product features firm and chewy meat, with a combination of fragrant and spicy flavors.

制作过程

1. 鸡斩成块。锅入油，油温八成热时放入鸡块翻炒至呈金黄色，加入秘制酱料、葱、姜、蒜继续翻炒 15 分钟。
2. 加入香辛料、干红辣椒段、水炖煮半小时，收汁 10 分钟。
3. 加入薄皮辣椒块，焖至鸡肉熟透，放香菜即可出锅。

制作关键

本菜品的制作关键之一是使用本地 3 年以上的老公鸡。本菜品使用的秘制酱料也是关键点之一。

张艳丽

枣庄市台儿庄区马兰贡家老公鸡厨师

赞词

香辣公鸡择食材，
爆燃急火灶炉开。
人间亦有新滋味，
厨艺相承何壮哉。

（李庆涛）

藕酿姜笋墨鱼滑

张亚

枣庄市巨典豪庭酒店主厨

赞词

笋姜藕酿到龙宫，
溜滑墨鱼回盼中。
陶紫何人堪侑食，
酡颜才借一腮红。

（田章红）

主料 墨鱼肉适量

辅料 莲藕、笋末适量

调料 盐水、盐、水淀粉各适量

装饰材料 茴香末少许

创新点

本菜品使用酿的手法制作而成。墨鱼肉质滑嫩，搭配脆爽的藕片，使菜品口感更加丰富。

This dish is made using the technique of stuffing. The squid has a tender texture, paired with crispy lotus root slices, which enriches the overall taste of the dish.

制作关键

掌握好火候。

制作过程

1. 将墨鱼肉上浆，加盐入味备用。莲藕改刀成藕片，放入盐水中浸泡备用。
2. 将墨鱼肉和笋末酿入藕片中，码入砂锅中，加水，用小火焗至熟透。
3. 装盘，撒入茴香末点缀。

冰糖河鳗

主料 鳗鱼 750 克

辅料 红枣 5 克

调料 冰糖 50 克，猪油 25 克，鸡精 5 克，味精 5 克，老抽 20 克，蒜瓣 20 克，高汤 100 克

装饰材料 熟西蓝花、花朵、绿叶菜各适量

刘昊

枣庄市宴江南大酒店厨师长

创新点

鳗鱼肥美鲜嫩、软糯入味、色泽诱人、口感滑腻。

The eel meat is rich and tender, with a soft and flavorful texture, an enticing color, and a smooth mouthfeel.

制作关键

掌握好烧制的火候。

制作过程

将鳗鱼宰杀，洗净切段，加入所有调料和辅料烧制 30 分钟，将汁收至浓稠，用装饰材料装饰即可。

赞词

鳗鱼肥美显刀工，
惟有精诚感念通。
浓汁均匀望泽际，
一泓弯月不相同。

（李庆涛）

蒜蓉粉丝虾

张文化

枣庄市宴江南大酒店
炉口大厨

主料　红虾 250 克，粉丝 50 克

调料　蒜蓉酱 50 克，豉油 20 克，香葱 20 克，色拉油 50 克

装饰材料　绿叶菜、花瓣、雕刻造型各适量

创新点

　　口感独特，肉质鲜嫩，蒜香浓郁，香气十足。

With a unique texture, this dish is tender and juicy, featuring a strong garlic aroma and a rich fragrance.

制作关键

把握好蒸制的时间。

制作过程

1. 将虾开背洗净，粉丝泡发装盘垫底。
2. 红虾放在粉丝上，浇上蒜蓉酱蒸制 3 分钟。
3. 放上豉油，撒上香葱末，浇上热色拉油，用装饰材料装饰即可。

赞词

翘首朱颜转淡红，
蒜蓉浓郁粉丝丛。
斑龙顾盼光相耀，
彩羽文晶仰碧空。

（李庆涛）

果仁羊排

主料 羊排 1500 克

辅料 松子仁 50 克，去皮芝麻 50 克，炸好的花生米 50 克

调料 盐 5 克，味精 5 克，自制羊排调料 50 克，辣椒面 10 克，糖 5 克，酱油 50 克，蜂蜜 10 克，植物油适量

装饰材料 熟青豆、花瓣、绿叶菜、小橘子各适量

创新点

本菜品外观大气，外观红润，入口香酥肉嫩，回味中有松子、花生、芝麻仁的香味。

With an impressive appearance and a rosy color, this dish is crispy on the outside and tender on the inside, leaving a lingering aroma of pine nuts, peanuts and sesame seeds on the palate.

制作过程

1. 把羊排泡水备用，把所有的调料混合均匀。
2. 把羊排放入烤盘中，把调好的材料均匀涂抹在羊排上腌制 30 分钟。
3. 放入烤箱，用下火 200℃、上火 180℃ 烤制 30 钟。烤制过程中抹三四回油，烤制成熟。
4. 将松子仁、芝麻、花生米放到羊排上，用装饰材料装饰即可。

制作关键

1. 羊排一定要用肥瘦相间的。
2. 烤羊排的时间、温度要把握好。

孙跃

枣庄市海派餐饮（山东）管理有限公司厨师长

赞词

肥瘦相成食野田，
羊排几扇冠庭筵。
封千户上黄金色，
赶付瑶台刻玉篇。
（李庆涛）

蟹肉黄炒虾球

王春光

滨州市新美达科技材料有限公司厨师

赞词

金黄蟹肉佐虾球，
四碟琼瑶入齿柔。
中有诸多求益者，
梅花树下试香篝。
（孙泽民）

主料	大闸蟹1只（约300克），竹节虾1只（约50克），杏鲍菇30克
调料	盐1克，白糖2克，料酒2克，香醋2克，葱末5克，姜末5克，胡椒粉1克，花生油、高汤各适量
装饰材料	熟西蓝花、薄荷叶各适量

创新点

本菜品选用麻大湖大闸蟹和渤海湾竹节虾制作而成，味道更鲜。大闸蟹拆肉，食客食用方便。虾仁低温慢煮，更好地保证了食材的口感和美观度。

Made with hairy crabs from Mada Lake and bamboo shrimps from Bohai Bay, this dish has a fresher flavor. The crab meat is removed for the convenience of diners. The shrimps are cooked slowly at low temperatures, which better preserves its texture and appearance.

制作过程

1. 大闸蟹蒸熟，取蟹黄、蟹肉。
2. 竹节虾剥出虾仁，从中间片开，去掉虾线。
3. 杏鲍菇切丝，炸至呈金黄色。
4. 净锅上火，下花生油，炸蟹壳，炼出蟹油。另起锅放入高汤，下入炸好的蟹壳熬成蟹汤。
5. 锅放蟹油，下姜末、葱末爆香，放入蟹黄，炒出香味，放入蟹肉炒香，烹料酒、香醋，放入少许蟹汤煸一煸，放盐、白糖、胡椒粉调好口味。
6. 另起锅放水、盐，放入虾仁低温慢煮至熟。
7. 炒好的蟹肉和黄装入盘中，上层放入虾仁，最上层放杏鲍菇丝，用熟西蓝花和薄荷叶点缀即可。

制作关键

1. 大闸蟹要选母的，蒸熟蒸透。剔出的肉不能带蟹壳，必须用蟹油、蟹汤烹制。蟹黄和蟹肉炒香后要烹醋去掉腥味。
2. 虾仁去虾线，低温慢煮保证口感。
3. 杏鲍菇小火炸至呈金黄色，勿炸老，否则有苦味。

花雕蜈蚣醉螃蟹

主料 大闸蟹 1000 克

调料 辣鲜露 50 克,自制香辣红油 100 克,藤椒油 100 克,矿泉水 200 克,蚝油 50 克,鸡汁 50 克,味丹 20 克,白糖 150 克,十年花雕酒、小米辣、蒜片、香菜各适量

装饰材料 小葱 200 克,雕刻造型适量

张海东

滨州市乾和一号楼餐厅凉菜主管

创新点

这道菜品外观生动活泼、活灵活现,酷似一只大蜈蚣。成菜颜色金黄,蟹黄饱满。它用十年花雕等调制的汁水腌制,口感绵密,麻辣回甜。

This dish has a lively and vivid appearance, resembling a large centipede. The finished product is golden in color with plump crab roe. It is marinated in a sauce made with ten-year-old Huadiao wine, resulting in a dense texture with a spicy, numbing sweetness.

制作过程

1. 将大闸蟹洗净,入蒸车蒸制 15 分钟取出,晾凉备用。
2. 把所有调料倒入保鲜盒中,充分搅拌均匀。
3. 把蒸好的螃蟹放入汁水中,盖好盒盖,放入冰箱冷藏室腌制 2 小时。
4. 把小葱用水烫一下捞出,放入凉水中过凉。
5. 把腌好的螃蟹捞出。把蟹腿都切下来,取小的腿做"蜈蚣"的腿,放在小葱垫底的盘子上,码成"蜈蚣腿"的形状。把螃蟹身放在上面均匀码成"蜈蚣"身体。
6. 用雕刻造型装饰即可。

制作关键

1. 制作大闸蟹要选在 9 月或 10 月出产的。这两个月的大闸蟹质地紧密、蟹黄饱满,营养丰富,非常鲜美。
2. 使用十年花雕能在不影响螃蟹鲜味回甜的基础上又增加陈年老酒的一点儿酒香味。

赞词

蜿蜒蟹似老蜈蚣,
腾起雄鹰占碧空。
十载花雕来醉酒,
玲珑琢就有神工。

(孙泽民)

芙蓉金汤菊花鱼

吴则圣

菏泽工程技师学院教师

赞词

鲜香六盏脍芙蓉，
佐食鱼家菡萏风。
最是菊花汤滞雪，
生涯深处不曾空。

（孟庆峰）

主料 黑鱼 2000 克，鸡蛋 5 个，南瓜 200 克，鸭蛋黄 20 克，虾 250 克

辅料 番茄片 10 克，洋葱丁 15 克，胡萝卜片 25 克

调料 盐 20 克，味精 10 克，白醋 50 克，料酒 40 克，淀粉 150 克，葱 10 克，姜 8 克，水淀粉、开水、姜末、植物油各适量

装饰材料 熟油菜、枸杞各适量

创新点

这道菜品色泽鲜艳，形象逼真。将当地优质的黑鱼肉改刀成菊花状，表现长寿的寓意。芙蓉底加入熬制的虾汤，进行蒸制，做出的汤颜色金黄。

This dish is vibrant in color and vividly crafted. High-quality local black fish are skillfully carved into chrysanthemum shapes, symbolizing longevity. The egg base is infused with simmered shrimp broth and steamed, resulting in a golden-colored soup.

制作过程

1. 将黑鱼清理干净，取净肉改刀成菊花状，放入葱、姜、料酒、少许盐、少许白醋腌制备用。
2. 虾烫熟，放入六成热的油中进行炸制，再放入搅拌机中搅成虾泥。
3. 将虾泥放入锅中，依次加入洋葱丁、胡萝卜片、番茄片进行炒制，炒干水分后加入开水，小火熬制，待颜色金黄过滤出杂质，备用。
4. 鸡蛋液放入碗中，加入制作好的虾汤、剩余的盐、味精，搅拌均匀，放入锅中蒸熟。
5. 将南瓜、鸭蛋黄蒸制成熟，制成泥状。
6. 净锅中加入少许油，依次加入姜末、鸭蛋黄泥、南瓜泥，勾薄芡，制成金汤。
7. 将腌制好的菊花鱼沥干水分，拍粉，余水，余制成熟后，放入蒸好的鸡蛋上，加入金汤，装饰、点缀即可。

制作关键

1. 制作这道菜品选择黑鱼，它的肉质紧实。
2. 改刀前将鱼肉冻一下，容易成型。
3. 熬制金汤加入鸭蛋黄增加汤汁的香味。
4. 蒸制芙蓉底时间不宜过长，8 分钟左右即可。

荷塘春韵

主料 黄河大鲤鱼 500 克，娃娃菜 200 克

辅料 蛋清 70 克，竹荪 10 克，藕粉 40 克

调料 盐 5 克，淀粉 20 克，葱姜水 300 克，胡椒粉 2 克，味精、香油、鸡汤、香菜各适量

创新点

将黄河大鲤鱼取肉，制作成鱼丸，与香甜的竹荪巧妙结合，做出的菜品口感丰富、美味健康。

Fish balls are made from Yellow River carp meat. Cleverly combined with sweet bamboo fungus, the dish has a rich texture and is both delicious and healthy.

制作过程

1. 将黄河大鲤鱼取鱼肉，用清水浸泡鱼肉。将鱼肉剁成鱼蓉，放入味精、香油、淀粉，加入蛋清、葱姜水、少许藕粉、盐制作成鱼丸生坯。竹荪泡发。
2. 将鱼丸生坯放入开水锅中稍煮，捞出再放入藕粉中滚匀，再放入锅中，重复三遍。
3. 将做好的鱼丸切开，用刀制成莲蓬的形状。
4. 娃娃菜切开，去外层，用剪刀剪出荷花造型。
5. 将鱼丸放入泡发好的竹荪中，用香菜制作成莲藕叶，放入开水锅中。
6. 加入新鲜鸡汤，煮开捞出，放置碗中，浇入鸡汤即可。

制作关键

1. 裹藕粉的过程，一定要重复三遍。
2. 鸡汤要新鲜，保证味道的鲜美

于宾

菏泽五福饮食有限公司中央厨房厨师长

赞词

荷塘春韵起曹州，
镶嵌竹荪同宴游。
馈馎鱼丸娱贵客，
一杯荐食看河流。

（孔德和）

荷韵

主料 青萝卜 750 克，白萝卜 700 克，心里美萝卜 1000 克，红肠 150 克，方火腿 200 克，日式大根 250 克，水果黄瓜 150 克，鸡蛋干 150 克，基围虾 130 克，甜菜根 100 克，熟西蓝花 100 克，熟猪耳朵 50 克，酱牛肉 150 克，糯米藕 150 克，鸭舌冻 15 克，芦笋条 20 克，熟山药 50 克，明胶片 50 克，冬瓜、胡萝卜球各少许

创新点

这道菜品属于花色冷拼，形象逼真，清新淡雅。运用当地新鲜的食材制作成一副优美的荷塘盛景。

As a type of colorful cold platter, this dish is lifelike, fresh and elegant. It is crafted using locally sourced fresh ingredients to create a beautiful scene reminiscent of a lotus pond.

制作过程

1. 将部分白萝卜雕刻成荷花状，冬瓜雕刻"荷韵"字样，泡凉水备用。
2. 青萝卜改刀成柳叶形，拉刀切成薄片，拼摆成荷叶状。
3. 将剩余的白萝卜改刀成荷花芯，放上少许胡萝卜球做莲子。
4. 将甜菜根榨出水。将明胶片熬化，加入甜菜根水，放入鱼型模具中，冷却后摆放到盘子中。
5. 将心里美萝卜、方火腿改刀成椭圆形，红肠、日式大根、水果黄瓜、鸡蛋干、熟猪耳朵、酱牛肉改刀，拼摆成假山状。
6. 将雕刻好的荷花、荷韵字样摆盘。
7. 将糯米藕、芦笋条、熟西蓝花、熟山药、基围虾、鸭舌冻改刀依次拼摆到盘中。

制作关键

荷叶拉刀片厚薄要均匀。假山摆放位置要合理，布局要留白，荷叶要体现出自然形态。

吴则圣

菏泽工程技师学院教师

赞词

江南水墨染曹州，
花色冷拼拔头筹。
荷韵依依开淡雅，
唤来锦鲤此中游。

（孔德和）

芙蓉鱼羊合鲜卷

胡皓天

菏泽市曹县技工学校中式烹调教师

赞词

出水芙蓉承贡筵，
山羊嫩肉庆余年。
鳜鱼一席成帆挂，
鲜卷如桨开大船。
（孔德和）

主料 鲁西南小山羊腿肉 250 克，鳜鱼 1500 克

辅料 红椒 50 克，西蓝花 100 克，鸡蛋 6 个（约 300 克）

调料 盐 2 克，胡椒粉 2 克，芝麻油 2 克，糖 5 克，鸡粉 3 克，海鲜汁 15 克，植物油 100 克，小葱 100 克，姜 15 克，香菜 5 克，陈皮 3 克，葱白 5 克，料酒、水淀粉、淀粉各适量

装饰材料 雕刻造型适量

创新点

本菜品选用当地特产鲁西南小山羊肉以及芦笋制作而成。整道菜品入口鲜嫩爽滑，老少皆宜，色泽鲜艳，营养丰富，鲜上加鲜。

This dish is made with locally sourced young goat from Southwestern Shandong and asparagus. It is tender and smooth, suitable for all ages, with vibrant colors, rich nutritional value, and exceptional freshness.

制作过程

1. 小葱切成丝，烫好。少许姜切成丝。红椒切成丝。西蓝花焯熟。
2. 葱白切成米。剩余的姜切成米。香菜洗净切碎。陈皮泡软后去丝，切碎。
3. 羊肉剁成馅，放入碗中，加入盐、糖、鸡粉、胡椒粉、料酒、少许淀粉、芝麻油、葱米、陈皮碎、姜米、香菜碎，搅打至上劲。
4. 鳜鱼取净肉，片夹刀片，洗净后上薄浆。鱼片拍干淀粉，将调好的羊肉馅和鲜芦笋头卷入鱼片中，加入红椒丝，用烫好的小葱丝系好。
5. 将鸡蛋液倒入盘中，蒸制 8 分钟。放入鱼头、鱼尾和卷好的鱼卷蒸制 3 分钟。将蒸好的鱼头、鱼尾、鱼卷以及焯熟的西蓝花摆放入鱼盘中，沿盘沿倒入海鲜汁。
6. 将小葱丝、姜丝、红椒丝铺在鱼卷上，烧热油浇在鱼上，用装饰材料装饰即可。

制作关键

1. 鳜鱼肉改刀成夹刀片。
2. 鸡蛋以及鱼肉的蒸制时间要控制好。
3. 卷制时放入的羊肉馅不宜过多。

提篮鹿肉

张可

菏泽市百寿坊羊肉汤馆行政总厨

主料 鹿肉适量

调料 香油、麻汁、葱、姜、高汤各适量，盐 10 克，味精 10 克，鸡粉 15 克，胡椒粉 10 克，八角面 10 克，香料包 1 个

创新点

本菜品使用鹿肉制作而成。鹿肉不是常见的食材，它营养丰富、风味独特，使用香油炸制后更让人食欲大开。

This dish is made with venison. Venison is not a common ingredient; it is rich in nutrients and has a unique flavor. When fried with sesame oil, it becomes even more appetizing.

制作过程

1. 将鹿肉放入高汤里，放入香料包，放入葱、姜、八角面，放入盐、味精、鸡粉、胡椒粉，低温煮两小时。

2. 将鹿肉煮好以后用香油炸，炸至上色后捞出，撕成小块摆盘即可。

制作关键

低温煮的时间要够两小时。炸的时候用 80℃ 油温炸半小时。

赞词

提篮鹿肉翠屏间，
鹦鹉松枝共仰攀。
玉润金钩长在眼，
彩奁铜镜响朱环。
（孟庆峰）

香油烧饼

王艳慧

菏泽工程技师学院餐饮服务系副主任

赞词

香油烧饼烤金黄，
肉食呈来藉口粮。
捡入篮中能果腹，
芝麻着色不寻常。
（孟庆峰）

主料 优质面粉 500 克，芝麻 100 克
辅料 香油适量
调料 盐 10 克，十三香 5 克，水 250 克，酵母 5 克，碱面 1 克，香油 20 克，蜂蜜水 50 克
搭配材料（选用） 卤肉片、生菜叶各适量

创新点

本菜品运用菏泽本地产优质面粉制作而成。外形美观，内芯层次分明，口感外酥里嫩，口味咸鲜。

This dish is made with high-quality flour from Heze. It has an attractive appearance, with distinct layers inside. The texture is crispy on the outside and tender on the inside, with a fresh and savory flavor.

制作过程

1. 将面粉、酵母、碱面混合，加入水和成光滑面团，醒发半小时备用。
2. 香油、盐、十三香调和均匀备用。
3. 醒发好的面团搓条，下面剂，加入羊油和混合好的调料，包成面团。
4. 擀成 1.5 厘米厚的饼坯，刷上蜂蜜水，蘸上芝麻。
5. 入烤箱用上下火 200℃烤制 15 分钟即可。可搭配卤肉片和生菜叶食用。

制作关键

1. 面团一定要进行醒发。
2. 烤制时控制好温度。

鲁西南养生羊肉火锅

梁树旭

菏泽市工程技师学院教师

主料 鲁西南青山羊肉 500 克，鲁西南狮子头白菜 250 克，鲁西南老豆腐 200 克

辅料 蒜苗 50 克，韭黄 50 克，羊骨、羊油各适量

调料 盐 15 克，味精 5 克，秘制香料 10 克，秘制红油 50 克，香菜 50 克

创新点

整道菜品鲜香味美，老少皆宜。羊肉是冬令菜品中的美味之一，经常食用能温中暖下、补益气血、强健机体。这道菜品独特的烹调技法令食客身心愉悦，乐享其中。

This dish is fragrant and delicious, suitable for all ages. As one of the delicacies of winter cuisine, mutton is not only nutritious but also helps to warm the body and nourish qi and blood with regular consumption, strengthening the physique. The unique cooking techniques used in this dish bring joy to diners, allowing them to fully enjoy the experience.

制作过程

一、吊汤

1. 冲泡：把羊肉、羊骨、羊油用流动水冲泡 12 小时。
2. 改刀：羊肉切成大块，羊腿骨用刀背砸碎。
3. 去杂质：锅烧水，60℃ 时下入羊肉块和羊骨，撇沫，烧开 15 分钟后捞出、洗净。
4. 熬制：
   加水烧至 80℃，下入羊骨，使锅内一直处于沸腾状态，直至汤汁色白似乳，熬制 1 小时以上。下入羊肉块，撇沫，然后加适量羊油，煮 1 小时以上至羊肉八成熟，加入秘制香料，煮 1 小时以上连同羊骨一块捞出。将适量羊油用细密漏打碎，放入汤中，继续熬制。

二、刀工处理

1. 羊肉切片。
2. 老豆腐切块。
3. 狮子头白菜切大片。
4. 香菜、韭黄、蒜苗切寸段。

三、装锅

1. 将第二步处理的原料依次装入火锅内。
2. 调汤：羊汤加入盐、味精做成白汤；羊汤加入秘制红油制成红汤。
3. 装汤：将调好的汤分别加入不同的火锅中。

四、烧火锅

将无烟果木炭点燃将火锅烧热即可。

制作关键

熬制时间要把握好。

赞词

菜品经冬佐肉羊，
火锅炖煮百珍汤。
盈觞独献梁山酒，
报喜新添补气方。

（孟庆峰）

牡丹花开富贵鱼

许宪福

菏泽市工程技师学院
烹饪教师

赞词

富贵花开寓意深，
品题独特牡丹吟。
此中几簇堆精馔，
拜托鲫鱼传玉音。
（孟庆峰）

主料 黄河鲤鱼1条（约1000克），陈集山药500克

辅料 豆沙100克，南瓜粉10克，紫薯粉10克，吉士粉100克

调料 葱30克，姜20克，料酒20克，盐10克，淀粉100克，糖100克，醋100克，牡丹油500克

装饰材料 圣女果、绿叶菜、雕刻造型各适量

创新点

这道菜使用了菏泽牡丹油以及菏泽陈集山药等多种材料。菜品特点酸甜适口，富有牡丹油花香以及陈集山药的软糯。

Using a variety of ingredients, including Heze peony oil and Heze Chenji yam, this dish is characterized by a sweet and sour taste, rich in the floral aroma of peony oil and the soft, glutinous texture of Chenji yam.

制作过程

1. 将鲤鱼治净。
2. 用剪刀把鱼从鱼鳃剪至鱼肚子。
3. 把鱼身上的大刺去除，把鱼背上的鱼肉打上十字花刀。
4. 加葱、姜、料酒、盐腌制10分钟后吸干水分，拍淀粉。摆出鱼的造型，用五六成热的牡丹油炸至成型。另起一锅用糖、醋熬制糖醋汁，最后将糖醋汁淋在鱼身。
5. 山药去皮蒸熟制，分成若干份，分别加入南瓜粉、紫薯粉、吉士粉制成山药泥并制成片，然后将豆沙馅放入各种片中制成团，最后放入牡丹花模具中制成各种颜色的牡丹花型。
6. 将牡丹山药摆在鱼旁边，用装饰材料装饰即可。

制作关键

把握好炸制的油温。

五福八宝鸡

主料 本地小母鸡 1 只

辅料 藕粉 10 克,面粉适量,香菇 30 克,滑肉 80 克,莲子 35 克,鱼丸 100 克,鱿鱼 30 克,笋片 40 克,鹌鹑蛋 70 克,海米 15 克,鱼蓉 480 克

调料 淀粉 10 克,胡椒粉 5 克,葱、姜、盐、料酒、高汤适量

装饰材料 雕刻造型、花朵、牡丹花丝各适量

创新点

将多种富含营养的食材融合到鸡肉中。本菜品口感丰富有层次,养生功效较高。

This creative dish combines various nutrient-rich ingredients into the chicken preparation, resulting in a rich and layered texture that is both healthful and nourishing.

制作过程

1. 将本地小母鸡剔骨。
2. 整鸡加入葱、姜、盐、料酒腌制 10~20 分钟。鱼蓉加少许盐、料酒,放入花朵模具中,蒸熟。
3. 将香菇、滑肉、莲子、鱼丸、鱿鱼、笋片、鹌鹑蛋、虾米、藕粉、面粉、胡椒粉、淀粉混合,调制成八宝馅。
4. 将八宝馅塞入鸡肚子,做好造型。
5. 用开水浇淋装好馅料的鸡,用竹签扎洞方便蒸制时候排气。
6. 将整鸡浇入高汤进蒸箱蒸制 2 小时。将做好的鱼蓉花造型和鸡摆盘,用装饰材料装饰即可。

制作关键

选用本地母鸡制作。八宝馅的配制要符合要求。

于宾

菏泽五福饮食有限公司厨师长

赞词

五福花开八宝鸡,
色香味正有评题。
一帆绿玉庙厨技,
缭绕平原更向西。

(孟庆峰)

凤吞鸿禧

主料 本地土鸡1只（约1500克），鲜鲍鱼240克，辽参200克，鱼肚150克，皮肚50克，大虾仁50克，鸽子蛋100克，两种菌菇共150克，鲜芦笋400克，上海青油菜50克，红小豆50克，玉米粒50克，鲜豌豆50粒，金瓜500克

高级浓汤材料 黄油老鸡3750克，老鸭1250克，猪前肘1500克，猪蹄1000克，猪棒骨2500克，金华火腿100克，瑶柱100克，红曲米100克

调料 花雕酒530克，胡椒粉2克，生抽300克，单晶冰糖1000克，玫瑰露酒150克，蚝油200克，调味酱油150克，老抽250克，麦芽糖240克，鱼露100克，鸡粉300克，生粉100克，香叶15克，桂皮20克，陈皮5克，小茴香5克，甘草15克，山奈20克，花椒15克，葱姜水、盐、鸡油各适量，姜650克，红甘葱500克，香葱300克，香菜100克，南姜100克，葱末100克

创新点

整道菜品运用传统鲁菜"八宝布袋鸡"整鸡脱骨的技法以及闽菜"鸽吞翅"的制作方法制作而成。将脱骨整鸡内灌入金汤全家福，有着"家庭和睦，团聚美满"的美好寓意。

This dish is crafted using the traditional technique of deboning a whole chicken from the "Eight-Treasure Bag Chicken" in Shandong cuisine, combined with the preparation method of "Pigeon Filled with Shark Fin" from Fujian cuisine. The deboned chicken is filled with an assorted broth, symbolizing harmony and happiness within the family.

制作过程

1. 将本地土鸡洗净后整鸡出骨，加入花雕酒、胡椒粉、葱姜水、盐，腌制15分钟。用金瓜熬成金汤。用高级浓汤材料加水和生抽、冰糖、玫瑰露酒、蚝油、调味酱油、部分老抽、麦芽糖、鱼露、鸡粉、生粉、香叶、桂皮、陈皮、小茴香、甘草、山奈、花椒、葱末熬成卤水。
2. 将鲍鱼、辽参、鱼肚、皮肚、大虾仁、鸽子蛋、两种菌菇用金汤煨制好后放入鸡腹中，在鸡脖子处打结封好。抹匀剩余的老抽，风干上色后用热水将鸡皮烫紧。
3. 将处理好的鸡放入调制好的卤水中卤制30分钟。薏米蒸熟。鲜豌豆粒、玉米粒、红小豆分别焯水，同熟薏米一起用清汤煨入味，制成薏米杂粮。鲜芦笋和上海青菜芯用油盐水（分量外）稍微焯水。姜切成粒，红甘葱切成粒，香葱切成丝。
4. 砂锅中加入少量鸡油，将姜粒、红甘葱粒放入砂锅中煸香，整齐铺上芦笋、薏米杂粮、香葱丝，将卤制好的鸡放入砂锅中，油菜芯围边，卡式炉上桌，即可。

制作关键

1. 整鸡出骨时除鸡脖子的刀口外，其余部分应完好无损。
2. 调制好的金汤应颜色纯正，稠稀适中。
3. 处理好的鸡腹中的馅料应先用金汤煨制。

胡皓天

菏泽市曹县技工学校中式烹调教师

赞词

来仪若凤展天红，
身段千禧骨肉同。
翅下食材围绿意，
煨成香气透帘栊。

（孟庆峰）

承齐鲁饮馔文化精华
启中华鲁菜烹饪新端

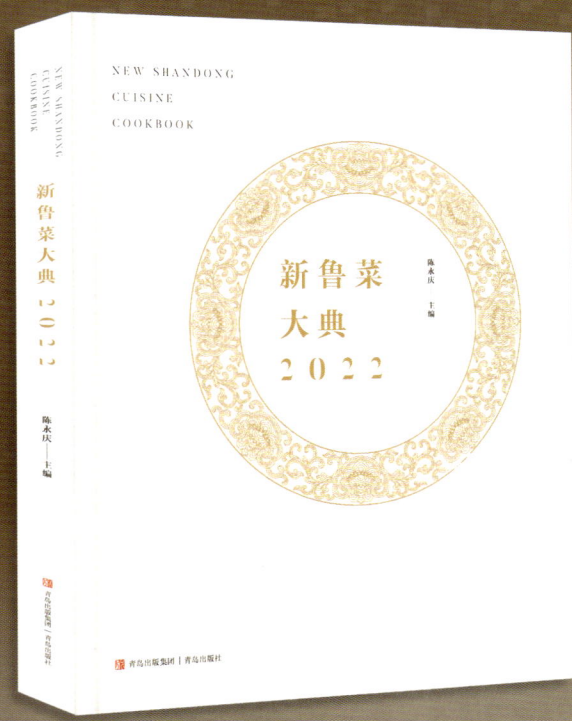

书　名：新鲁菜大典 2021
书　号：ISBN 978-7-5723-1168-0
出版社：山东科学技术出版社
主　编：陈永庆
开　本：8开
定　价：398.00元

书　名：新鲁菜大典 2022
书　号：ISBN 978-7-5736-1453-7
出版社：青岛出版社
主　编：陈永庆
开　本：8开
定　价：398.00元

书　名：新鲁菜大典 2023
书　号：ISBN 978-7-5736-2773-5
出版社：青岛出版社
主　编：陈永庆
开　本：8开
定　价：398.00元

- 专业导师评审
- 创新鲁菜全网罗
- 十大年度创新菜品 脱颖而出
- 我最喜爱的新鲁菜 人气爆棚
- 最具价值的新鲁菜 群星璀璨

青岛出版集团 | 青岛出版社